Abkürzungsverzeichnis der Rechtssprache

Abkürzungen der Bezeichnungen

von

Rechtsquellen, Behörden, Entscheidungen usw.

des deutschen und österreichischen Rechts

herausgegeben von

Professor Dr. Georg Maas
Oberarchivrat a. D., Berlin

Justizrat Dr. Julius Magnus
Berlin

Berlin und Leipzig 1929
Walter de Gruyter & Co.
vormals G. J. Göschen'sche Verlagshandlung — J. Guttentag, Verlags-
buchhandlung — Georg Reimer — Karl J. Trübner — Veit & Comp.

Vorwort.

Das Abkürzungsverzeichnis der Juristischen Wochenschrift vom Jahre 1920 hatte das von dem Deutschen Juristentag auf die Anregung des unvergeßlichen Hugo Neumann begonnene Werk (1910) aufgenommen. Seitdem das letzte Verzeichnis erschienen ist, hat sich die Lage abermals durchaus verändert: Von den Gesetzen, die der Krieg und die unmittelbaren Kriegsfolgen schufen und die das Erscheinen des Abkürzungsverzeichnisses der Juristischen Wochenschrift notwendig machten, sind die meisten im Verschwinden; zahlreiche neue Gesetze sind erlassen; neue Zeitschriften und Sammelwerke sind entstanden.

Noch immer herrscht trotz dieser Vorarbeiten und dieser Vorschläge der — in den einleitenden Bemerkungen der ersten Ausgabe des Abkürzungsverzeichnisses des Juristentages hervorgehobene — Übelstand, daß in der Art, wie die deutschen Juristen Gesetze, Entscheidungen und Schrifttum zitieren, ein Mangel an Einheitlichkeit herrscht, der zu Verwirrungen und Mißverständnissen führen mußte. Erfreulich ist, daß das Bewußtsein dessen sich immer mehr durchsetzt, wie sehr diese Mannigfaltigkeit von Übel ist, nicht nur auf dem Gebiete des Rechts, sondern auch auf denen anderer Wissenschaften. Wir folgen daher einem häufig geäußerten Wunsche und dringenden Vorstellungen, die an jeden von uns gelangt sind, diese Arbeit wieder aufzunehmen.

Der Zweck der vorliegenden Neubearbeitung geht teilweise über den der vorhergehenden Abkürzungsverzeichnisse hinaus. Mit diesen übereinstimmend bezweckt sie zunächst eine Übersicht über die bestehenden Abkürzungen zu geben. Um diesem praktischen Ziel gerecht zu werden, mußten eine Fülle mangelhafter, aber fest eingebürgerter Abkürzungen, sowie vielfach die gleichen Abkürzungen für die verschiedensten Ausdrücke übernommen werden. Gerade die Sammlung der bestehenden Abkürzungen zeigte häufig, wie unhaltbar der gegenwärtige Zustand ist. Die Vermeidung von mehrfachen Bedeutungen (wie KG. für Kammergericht, Kaufmannsgericht, Kriegsgericht und Kartellgericht) sind zu erstreben, ebenso Abkürzungen, die wie „AVG." für „Angestelltenversicherungsgesetz" oder KSSG. für Kriegsschädenschlußgesetz dem Nichtspezialisten unverständlich und nichts weniger als eindeutig sind. Hier will das vorliegende Abkürzungsverzeichnis Besserung anregen. Es geht von dem Grundsatz aus, daß jede Abkürzung, auch eines Spezialausdrucks, dem juristischen Leser verständlich sein muß, ohne ihn zu zeitraubendem Nachdenken und Nachblättern zu zwingen (z. B. AngVersG. anstatt AVG. für Angestelltenversicherungsgesetz). In Darstellungen, die für Laien bestimmt sind, sind wie bisher Abkürzungen möglichst zu vermeiden. Da das Verzeichnis in erster Linie ein Nachschlagewerk für die geltenden Abkürzungen sein soll, mußten sich die Herausgeber damit begnügen, neben einer Reihe bisher üblicher, aber unerwünschter Abkürzungen die von ihnen im Interesse der Einheitlichkeit und Allgemeinverständlichkeit für wünschenswert gehaltene anzugeben und diese durch Fettdruck deutlich zu machen.

Selbstverständlich kann die gleiche Abkürzung für mehrere Ausdrücke da verwandt werden, wo nach dem Zusammenhang Mißverständnisse ausgeschlossen erscheinen. Es sei an die Abkürzung „AG." erinnert, die für „Amtsgericht", „Ausführungsgesetz", Aktiengesellschaft" u. a. verwendet wird.

Gegenüber den früheren Ausgaben ist diesmal nicht nur das Recht des Reiches, sondern auch das Recht der größeren Länder berücksichtigt. Allerdings konnte gerade auf dem Gebiet der Landesrechte die erstrebte Vollständigkeit vorläufig noch nicht annähernd erreicht werden.

Daß auch das Recht Österreichs berücksichtigt ist, entspricht nicht nur der Tradition der beiden Vorbilder, sondern auch dem — heute erfreulicherweise mehr denn je lebhaften — Wunsche der Annäherung beider durch Kultur- und Lebensgemeinschaft verbundenen Länder auch auf dem Rechtsgebiet.

Unvermeidlich ist, daß die Auswahl der Gesetze und des Schrifttums dem Einen zu eng, dem Anderen zu weit gegriffen erscheint. Dieses Fehlers wie auch anderer, mit einem derartigen Werke notwendig verbundenen Unvollkommenheiten sind sich die Herausgeber bewußt. Um so dringender ist die Bitte an alle Benutzer, den Herausgebern weitere Vorschläge und Wünsche zu unterbreiten und sie auf etwaige Fehler aufmerksam zu machen.

In der Absicht, zur Reinigung der deutschen Rechtssprache beizutragen, sind Abkürzungen für Fremdworte, die durch gleichwertige deutsche Worte zu ersetzen sind (z. B. cf.), bewußt nicht aufgenommen.

In dem zweiten Teil der Arbeit ist das im ersten Teile alphabetisch geordnete Material in verschieden gegliederten Sonderverzeichnissen aufgeführt. Die Gesetze und Verordnungen des Reichs und der Länder sind hier nach Materien geordnet. Die mit Gesetzen am meisten überladenen Gebiete wie Arbeitsrecht und Steuerrecht sind gesondert behandelt. Durch diese Anordnung soll der Überblick erleichtert werden. Zugleich gibt sie die Möglichkeit, sich über die wichtigsten Rechtsquellen in den betreffenden Materien nebst ihren Fundstellen sowie über ihre Abkürzungen zu unterrichten. Da der Umfang des Materials durch den Rahmen des Abkürzungsverzeichnisses begrenzt ist, kann das Werk insoweit naturgemäß nur ein Hilfsmittel sein, das sich mit den vortrefflichen Gesetzessammlungen auf den einzelnen Spezialgebieten in keiner Weise messen will.

Zu dem Werke haben in überaus dankenswerter Weise alle darum angegangenen Behörden und Privatpersonen bereitwilligst mit Rat und Tat beigesteuert. Ihnen allen, ferner den Herren Referendaren Karl Arndt und Wolfgang Friedmann, Berlin, sowie vor allem den Herren Sektionschef i. R. Professor Dr. Emanuel Adler und Professor Dr. Bartsch, Wien, die den Rechtsstoff für Österreich bearbeitet haben, sei hiermit herzlicher Dank ausgesprochen. Mit Wehmut sei an dieser Stelle des für die deutsche Rechtswissenschaft zu früh dahingeschiedenen Referendars Ottfried Mersmann-Soest gedacht, der auch diesem Werke seine Energie und Arbeitskraft gewidmet hatte.

Nach diesen Abkürzungen wird künftig zunächst in der Juristischen Wochenschrift und in den Werken der Verlage Walter de Gruyter, J. C. B. Mohr (Paul Siebeck), H. W. Müller, J. Schweitzer (Arthur Sellier) und Franz Vahlen zitiert werden. Es würde mit Dank begrüßt werden, wenn auch darüber hinaus sich Wissenschaft, Praxis und die Behörden diesen Vorschlägen anschließen würden.

Maas. Magnus.

Inhalt.

Seite

A. Alphabetisches Verzeichnis aller Abkürzungen 1

B. Einzelverzeichnisse

I. Behörden und Körperschaften 56

II. Zeitschriften und andere periodische Veröffentlichungen 62

III. Rechtsquellen

a) Privatrecht (Materielles Recht und Verfahren) 77

b) Strafrecht und Strafverfahren 86

c) Staats- und Verwaltungsrecht 89

d) Arbeits- und Sozialversicherungsrecht 100

e) Wirtschaftsrecht 104

f) Steuerrecht 107

g) Internationales Recht 110

h) Landesrechte

1. Preußisches Recht 113

2. Bayerisches Recht 118

3. Württembergisches Recht 118

4. Badisches Recht 119

C. Anhang: Österreichisches Recht 120

Richtlinien für die Bildung und Verwendung der Abkürzungen.

1. Abkürzungen werden nicht flektiert, z. B. Geltung des BGB., nicht des BGB.'s.
2. Die Abkürzungen sind selbständige Ausdrücke (Siglen). Daher sind innerhalb einer zusammengesetzten Abkürzung die einzelnen Teile nicht durch Zeichen zu trennen, z. B.: ArchZivPr., nicht Arch.Ziv.Pr.
3. Wo nicht schon eine offizielle kürzere Bezeichnung für den vollständigen Titel eines Gesetzes besteht (z. B.: „Lebensmittelgesetz" für „Gesetz über den Verkehr mit Lebensmitteln"), ist für die Zwecke der Abkürzung eine solche unter Zugrundelegung der üblichen Zitierung oder des wesentlichen Inhalts des Gesetzestitels zu schaffen, z. B. VolksbegG. = Gesetz über das Verfahren bei Volksbegehren und Volksentscheiden oder HeerMarHintVersG. = Gesetz über die Versorgung der Angehörigen des Reichsheers und der Marine sowie ihrer Hinterbliebenen.
4. Allgemein sind die Abkürzungen von Gesetzen durch die gekürzte Zusammenfassung ihrer wesentlichen Bestandteile zu bilden, z. B. AltentÄndVO. = Verordnung über die anderweitige Festsetzung von Geldbezügen aus Altenteilsverträgen und von Versorgungsansprüchen bei Stammgütern und Familienfideikommissen.
5. Bei Reichsgesetzen ist die Silbe Reichs- in der Abkürzung dann fortzulassen, wenn sie nicht einen untrennbaren Bestandteil des Gesetznamens bildet, z. B. MietSchG. = Reichsgesetz über den Mieterschutz, aber RMietG. = Reichsmietengesetz.
6. Die Zahlen hinter den Abkürzungen der Bezeichnung von Gerichten und anderen Behörden bedeuten den Band und die Seiten der Entscheidungen derselben, z. B. OVG. 72, 159.
7. Periodische Veröffentlichungen sind nach dem Kalenderjahr des Erscheinens zu zitieren, also z. B. JW. 1927, 2175 und nicht JW 56, 2175.
8. Bei Zitaten von Jahrgang, Band oder Seite ist es unnötig, vor die Zahl die Abkürzung des betreffenden Wortes (Bd., S., usw.) zu setzen.

A. Alphabetisches Verzeichnis aller Abkürzungen.

A.

A., Arch. = Archiv.
a. a. O. = am angeführten Orte.
AB., AusfBest. = Ausführungsbestimmungen.
Abg. = Abgeordneter.
AbGes. = Gesetz zur Abänderung.
ABGB. = Allgemeines Bürgerliches Gesetzbuch für Österreich.
AbgeltVO. = Abgeltungsverordnung v. 21. XI. 1918 (RGBl. S. 1323, 4. XII. 1919 (RGBl. S. 2146), 16. XII. 1921 (RGBl. S. 1578), 1. XII. 1922 (RRBl. I, S. 897), 24. X. 1923 (RGBl. I, S. 1010).
AbgO., RAbgO., RAO. = Abgabenordnung (Reichsabgabenordnung) v. 13. XII. 1919 (RGBl. S. 1993).
Abh. = Abhandlung.
Abk. = Abkommen.
ABl. = Amtsblatt.
AbmG. (Bay.) = Abmarkungsgesetz v. 30. VI. 1900 (GVBl. S. 553).
AbrVO. = Abrundungsverordnung v. 31. X. 1923 (RGBl. I, S. 1049), 21. XII. 1923 (RGBl. I, S. 1238).
Abs. = Absatz.
Abschn. = Abschnitt.
Abt. = Abteilung.
AbtDir. = Abteilungsdirektor.
AbzG. = Gesetz betr. die Abzahlungsgeschäfte v. 16. V. 1894 (RGBl. S. 450), v. 20. V. 1898 (RGBl. S. 369).
ADAnw. = Allgemeine Dienstanweisung.
ADHGB. = Allgemeines Deutsches Handelsgesetzbuch v. 1861.
ADMietsZ. = Allgemeine Deutsche Mietszeitung.
ADSVB. = Allgemeine Deutsche Seeversicherungsbedingungen.
aF., aFass. = alte Fassung.
a. F. = alte Folge.
AG., AktG., AktGes. = Aktienegsellschaft.
AG. = Amtsgericht.
AG., AusfGes. = Ausführungsgesetz.
AGBGB. usw., AGes.z.BGB. = Ausführungsgesetz zum BGB. usw.
AGBGB. (Pr.) = Ausführungsgesetz zum BGB. v. 20. IX. 1899 (GS. S. 177).
AGBGB. (Bay.) = Ausführungsgesetz zum BGB. v. 9. VI. 1899 (GVBl. Nr. 28).
AGD., AGDir. = Amtsgerichtsdirektor.
AGHaagZPrAbk. = Gesetz v. 17. VII. 1905 zur Ausführung des Abkommens über den Zivilprozeß v. 5. IV. 1909 (RGBl. S. 430).

AGR. = Amtsgerichtsrat.
AgrarZ., AgrZ. = Zeitschrift für Agrar- und Wasserrecht.
AK., **AnwK.** = Anwaltskammer.
AktG., AktGes., AG. = Aktiengesellschaft.
AllAssM. = Alliierte und assoziierte Mächte.
AllerhKO., AllerhKabO. = Allerhöchste Kabinettsorder.
Allg. = allgemein, allgemeine.
AllgStR., AStR. = Allgemeine Steuerrundschau.
AllgVersBed. = Allgemeine Versicherungsbedingungen.
AllgVfg., AV. = Allgemeine Verfügung.
ALR. = Preußisches Allgemeines Landrecht v. 1. VI. 1794.
AltrG. = Altrentnergesetz in der Fassung v. 22. XII. 1927 (RGBl. I, S. 513, 531).
AltentAendG. = Reichsgesetz über die anderweitige Festsetzung von Geldbezügen aus Altenteilsverträgen v. 18. VIII. 1923 (RGBl. I, S. 815).
AltentAendVO. (Pr.) = Verordnung über die anderweitige Festsetzung von Geldbezügen aus Altenteilsverträgen und von Versorgungsansprüchen bei Stammgütern und Familienfideikommissen v. 8. IX. 1923 (GS. S. 433).
AltersgrG. (Pr.) = Gesetz betr. die Einführung einer Altersgrenze v. 15. XII. 1920 (GS. S. 621).
Amn. = Amnestie.
AmtlE., Entw1925 = Entwurf zu einem deutschen Strafgesetzbuch (Reichsratsvorlage).
AmtlMittZuwSt. = Amtliche Mitteilungen über die Zuwachssteuer, die Reichsbesitzsteuern und die Reichsverkehrssteuern. Jetzt RStBl.
Amtsgeh. = Amtsgehilfe.
Amtsh. = Amtshauptmannschaft.
Anf. = Anfechtung.
Anfechtbk. = Anfechtbarkeit.
AnfG. = Gesetz betr. die Anfechtung von Rechtshandlungen eines Schuldners außerhalb des Konkursverfahrens v. 21. VII. 1879, neue Fassung v. 20. V. 1898 (RGBl. S. 709).
Ang., Angest. = Angestellter.
angef. = angefochten.
Angekl. = Angeklagter.
Angesch. = Angeschuldigter.
Angest., Ang. = Angestellter.
AngKündSchG., KündSchGAng. = Gesetz über die Fristen für die Kündigung von Angestellten v. 9. VII. 1926 (RGBl. I, S. 399).
AngRat = Angestelltenrat.
AngVers. = Die Angestelltenversicherung (Zeitschrift).
AngVersG., AVG. = Versicherungsgesetz für Angestellte, Angestelltenversicherungsgesetz v. 20. XII. 1911, neue Fassung v. 28. V. 1924 (RGBl. I, S. 563).
Anh. = Anhang.
Anl. = Anlage.
AnlAblösG. = Gesetz über die Ablösung öffentlicher Anleihen v. 16. VII. 1925 (RGBl. I, S. 137, 348).

Anm. = Anmerkung.
Ann. = Annalen.
AnnDR., HirthsAnn. = Annalen des Deutschen Reiches, begründet von Hirth.
AnnRG., BlumsAnn. = Annalen des Reichsgerichts, hrsg. von Blum.
AnO., Anord. = Anordnung.
AnschSt. = Anschaffungssteuer.
Antr. = Antrag.
Antragsg. = Antragsgegner.
Antragsst. = Antragsteller.
Anw. = Anweisung.
Anw. = Anwalt.
AnwBl. = Anwaltsblatt, Nachrichten für die Mitglieder des Deutschen Anwaltvereins.
AnwK., AK. = Anwaltskammer.
Anz. = Anzeiger.
AnzSt. = Anzeigensteuer.
AOK., AOKrankK. = Allgemeine Ortskrankenkasse.
APV., AufsAPrivVers., RAufsAPrVers. = Reichsaufsichtsamt für Privatversicherung.
AR. = Amtsrichter.
Arb. = Arbeit, Zeitschrift für Gewerkschaftspolitik und Wirtschaftskunde.
Arb. = Arbeit, Arbeiter.
ArbAuskStuttgart = Kartenauskunftei des Arbeitsrechts, Stuttgart.
ArbAussch. = Arbeiterausschuß.
ArbEntschBerl. = Arbeitsrechtliche Entscheidungen der Gewerbe- und Kaufmannsgerichte Berlin.
ArbFürs. = Arbeitsfürsorge.
Arbg. = Arbeitgeber.
Arbg. = Der Arbeitgeber, Zeitschrift.
ArbG. = Arbeitsgesetz.
ArbG, ArbGer. = Arbeitsgericht (auch Zeitschrift).
ArbGem. = Arbeitsgemeinschaft der deutschen Arbeitgeber- und Arbeitnehmerverbände.
ArbGEntschTeichm. = Arbeitsgerichtliche Entscheidungen, hrsg. von Teichmann.
ArbGer., ArbG. = Arbeitsgericht.
ArbGG. = Arbeitsgerichtsgesetz v. 23. XII. 1926 (RGBl. I, S. 507).
ArbGR. = Arbeitsgerichtsrat.
ArbGZ. = Die deutsche Arbeitgeberzeitung, Zentralblatt der deutschen Arbeitgeber.
ArbK. = Arbeitskammer.
Arbn., ArbN. = Arbeitnehmer.
ArbNachw. = Arbeitsnachweis.
ArbO. = Arbeitsordnung.
ArbR. = Arbeitsrecht, Jahrbuch für das gesamte Dienstrecht der Arbeiter, Angestellten und Beamten.
ArbRat = Arbeiterrat.
ArbREntschArbg. = Sammlung arbeitsrechtlicher Entscheidungen, hrsg. von der Vereinigung der deutschen Arbeitgeberverbände.

ArbRpr. = Arbeitsrechtspraxis, Zeitschrift für Arbeitsrecht, Sozialversicherung und soziale Verwaltung.

ArbRRspr. = Rechtsprechung des Arbeitsrechts (Zeitschrift).

ArbRspr., RsprArb. = Rechtsprechung in Arbeitssachen. Grundsätzliche Entscheidungen des Reichsarbeitsgerichts, der Landesarbeitsgerichte und der Arbeitsgerichte.

ArbuBer. = Arbeit und Beruf, Halbmonatsschrift für Fragen des Arbeitsmarkts, Berufsberatung und verwandte Gebiete.

ArbVermG. = Gesetz über Arbeitsvermittlung und Arbeitslosenversicherung v. 16. VII. 1927 (RGBl. I, S. 187).

ArbVermLA., LAArbVerm. = Landesamt für Arbeitsvermittlung.

ArbVers., ArbVersorg. = Arbeiterversorgung, Zeitschrift für die gesamte Sozialversicherung im Deutschen Reich.

ArbZG. = Arbeitszeitgesetz, Gesetz zur Abänderung der Arbeitsverordnung v. 21. XII. 1923 (RGBl. I, S. 1249), v. 14. IV. 1927 (RGBl. S. 109).

ArbZVO. = Arbeitszeitverordnung, Verordnung über die Arbeitszeit v. 21. XII. 1923 (RGBl. I, S. 1249). Vgl. AusfBestArbZVO.

Arch., A. = Archiv.

ArchBürgR., BürgArch. = Archiv für bürgerliches Recht.

ArchCivPr., ArchZivPr. = Archiv für die civilistische Praxis.

ArchEisenbW. = Archiv für Eisenbahnwesen.

ArchFunkR., FunkArch. = Archiv für Funkrecht.

ArchFrauenarb. = Archiv für Frauenarbeit.

ArchGewRpfl. = Archiv für gewerbliche Rechtspflege.

ArchKathKR. = Archiv für katholisches Kirchenrecht.

ArchKrimAnthr. = Archiv für Kriminalanthropologie und Kriminalistik, jetzt für Kriminologie.

ArchMilR. = Archiv für Militärrecht.

ArchOeffR. = Archiv für öffentliches Recht, jetzt des öffentlichen Rechts.

ArchPostTel. = Archiv für Post und Telegraphie.

ArchPraktRW. = Archiv für praktische Rechtswissenschaft.

ArchRevTreuhW. = Archiv für Revisions- und Treuhandwesen.

ArchRPhilos. = Archiv für Rechts- und Wirtschaftsphilosophie.

ArchSozG. = Archiv für soziale Gesetzgebung und Statistik.

ArchSozW. = Archiv für Sozialwissenschaften und Sozialpolitik.

ArchUrhR., Ufita = Archiv für Urheber-, Film- und Theaterrecht.

ArchVerwR. = Archiv für Verwaltungsrecht.

ArchZivPr., ArchCivPr. = Archiv für die Civilistische Praxis.

ArmAnwGebG., **ArmAnwG.** = Gesetz über die Erstattung von Rechtsanwaltsgebühren in Armensachen v. 6. II. 1923 (RGBl. I, S. 103, 813, II, S. 88), v. 14. VII. 1928 (RGBl. I, S. 197).

ArmVOBl., AVBl. = Armeeverordnungsblatt.

Art. = Artikel.

AStR., **AllgStR.** = Allgemeine Steuer-Rundschau.

AufbringG. (1.—9. DVOAufbringG.) = Gesetz zur Aufbringung der Industriebelastung (Aufbringungsgesetz) v. 30. VIII. 1924 (RGBl. II, S. 269) mit bisher 9 Durchführungsverordnungen.

AufI. = Auflage.
AufrSchG. = Gesetz über die durch innere Unruhen verursachten Schäden (Aufruhrschadengesetz) v. 12. V. 1920 (RGBl. S. 941, 1060).
AufsAPrivVers., APV., RAufsAPrVers. = Reichsaufsichtsamt für Privatversicherung.
AufsBeh. = Aufsichtsbehörde.
AufsRG. = Reichsgesetz, betr. Entsendung von Betriebsratsmitgliedern in den Aufsichtsrat, v. 15. II. 1922 (RGBl. I, S. 209).
AufsRSt. = Aufsichtsratssteuer.
Aufw., Aw. = Aufwertung.
AufwAnmVO. = Verordnung über die Aufforderung zur Anmeldung des Altbesitzes von Industrieobligationen v. 29. VIII. 1925 (RGBl. I, S. 384).
AufwG. = Aufwertungsgesetz v. 16. VII. 1925 (RGBl. I, S. 117).
AufwG.IDurchfVO. = Durchführungsverordnung zum Aufwertungsgesetz v. 29. X. 1925 (RGBl. I, S. 392).
AufwG.IIDurchfVO. = Verordnung zur weiteren Durchführung des Aufwertungsgesetzes und zur Durchführung des Gesetzes v. 9. VII. 1927, v. 12. IX. 1927 (RGBl. I, S. 299).
AufwGNov., NovAufwG. = Novelle zum Aufwertungsgesetz v. 9. VIII. 1927 (RGBl. I, S. 171).
AufwKart. = Aufwertungskartothek.
AufwPr. = Aufwertungspraxis.
AufwRspr., RsprAufw., RingAufwRspr. = Rechtsprechung in Aufwertungssachen, hrsg. v. Ring und Harmening.
AufwSt. = Aufwertungsstelle.
AusbO. = Ausbildungsordnung (mit Vorsatz der betr. Länderbezeichnung).
AuslSchG. = Auslandsschädengesetz v. 28. VII. 1921 (RGBl. S. 1021) in der Fassung v. 10. VII. 1923 (RGBl. I, S. 591).
AußenhVO. = Verordnung über die Außenhandelskontrolle v. 20. XII. 1919 (RGBl. I S. 2128) in der Fassung v. 3. II. 1924 (RGBl. I, S. 71/72).
AusfAnw. = Ausführungsanweisung.
AusfBest., AB. = Ausführungsbestimmung(en).
AusfBestArbZVO. = Ausführungsbestimmungen v. 17. IV. 1924 zur Verordnung über die Arbeitszeit v. 21. XII. 1923 (RGBl. 1924, I, S. 416). — Ergänzung der Ausführungsbestimmungen v. 17. IV. 1924 zur Verordnung über die Arbeitszeit v. 29. IV. 1927 (RGBl. 1927, I, S. 114).
AusfBestKohlenWiG. = Ausführungsbestimmungen v. 21. VIII. 1919 (RGBl. I, S. 1449) zum Gesetz über die Regelung der Kohlenwirtschaft v. 23. III. 1919 (RGBl. I, S. 342).
AusfGes. (AG.) = Ausführungsgesetz.
AusfVO. = Ausführungsverordnung. (Einzelne AusfVO. s. bei den betr. Gesetzen.)
AusfVorschr. = Ausführungsvorschriften.
AusglBestG. = Ausgleichsbesteuerungsgesetz v. 12. VI. 1920 (RGBl. I, S. 1195).
AusglVerf. = Ausgleichsverfahren.

AusgrG. (Pr.) = Ausgrabungsgesetz vom 26. III. 1914 (GS. S. 41).
AuskVO., AuskPflVO. = Verordnung über Auskunftspflicht v. 13. VII. 1923 (RGBl. I, S. 723).
AuslGes. = Gesetzgebung und Rechtspraxis des Auslands (Zeitschr.).
AuslKredG. = Gesetz über die Aufnahme von Auslandskrediten durch Gemeinden und Gemeindeverbände v. 21. III. 1925 (RGBl. I. S. 27).
AuslPersStG. = Gesetz betr. die Eheschließung und die Beurkundung des Personenstandes von Bundesangehörigen im Auslande v. 4. V. 1870 (RGBl. S. 599).
AuslRBl. = Auslandsrechts-Blätter für Industrie und Handel.
AuslRZ., ZAuslR., ZAuslIntPrR. = Zeitschrift für ausländisches und internationales Privatrecht.
AuslVertr. = Auslieferungsvertrag.
Aussch. = Ausschuß.
Aussch., KrSch. = Ausschuß zur Feststellung von Kriegsschäden.
AuswA. = Auswärtiges Amt.
AuswG. = Gesetz über das Auswanderungswesen v. 9. VI. 1897 (RGBl. S. 463). Bekanntmachung v. 1. III. 1924 (RMBl. S. 97).
AuswVO. = Verordnung gegen Mißstände im Auswanderungswesen v. 14. II. 1924 (RGBl. I, S. 107); Änderung des AuswG. v. 9. VI. 1897.
AV., AllgVerfg. = Allgemeine Verfügung.
AVBl., ArmVOBl. = Armee-Verordnungsblatt.
AVG., **AngVersG.** = Angestelltenversicherungsgesetz. Versicherungsgesetz für Angestellte v. 20. XII. 1911, neue Fassung v. 28. V. 1924 (RGBl. I, S. 563).

B.

B. = Beamter (nur bei mehrsilbigen Abkürzungen).
B., Ber. = Bericht.
Bad. = Badisch.
BadAnn. = Annalen der Großherzoglich Badischen Gerichte.
BadNotZ. = Badische Notariatszeitung.
BadRpr. = Badische Rechtspraxis.
BadVerf. = Badisches Verfassungsgesetz v. 21. III. 1919 (GuVBl. S. 279).
BadVerwZ. = Zeitschrift für Badische Verwaltung und Verwaltungsrechtspflege.
BAH. = Bundesamt für das Heimatwesen (mit Band- und Seitenzahl: Entscheidungen des Bundesamtes für das Heimatwesen).
Bank = Die Bank (Zeitschrift).
BankA., BankArch. = Bank-Archiv (Zeitschrift).
BankG. = Bankgesetz v. 30. VIII. 1924 (RGBl. II, S. 235), geändert durch Gesetz v. 8. VII. 1926 (RGBl. II, S. 355).
BankWiss. = Bankwissenschaft (Zeitschrift).
BAnwV., BAV. = Berliner Anwaltverein.
BauersZ. = Bauers Zeitschrift für Aktiengesellschaften und für Gesellschaften mbH.

BauFG., BauforbG. = Gesetz über die Sicherung der Bauforderungen v. 1. VI. 1909 (RGBl. S. 443).

BauFlLinG. (Pr.) = Gesetz betr. die Anlegung und Veränderung von Straßen und Plätzen in Städten und ländlichen Ortschaften vom 2. VII. 1875 (GS. S. 561).

BauO. = Bauordnung v. 17. II. 1901 (RGBl. I, S. 687).

BauO. (Württ.) = Bauordnung v. 28. VII. 1910 (RegBl. S. 333).

BaupolO. (Bad.) = Verordnung betr. die Handhabung der Baupolizei und das Wohnungswesen v. 1. IX. 1907.

BAussch. = Beamtenausschuß.

BauUnfVersG., BauUVG. = Bau-Unfallversicherungsgesetz v. 11. VII. 1887/30. VI. 1900 in der Fassung der Bekanntmachung v. 5. V. 1900 (RGBl. S. 698).

BAV., BAnwV. = Berliner Anwaltverein.

Bay. = Bayern, Bayerisch.

BayFinBl. = Bayerisches Finanzblatt.

BayGemVZ. = Bayerische Gemeinde- und Verwalungszeitung.

BayGemZ. = Bayerische Gemeindezeitung.

BayGVBl. = Bayerisches Gesetz- und Verordnungsblatt.

BayNotV. = Mitteilungen des Bayerischen Notar-Vereins.

BayNotZ. = Zeitschrift für das Notariat, für die freiwillige Gerichtsbarkeit und das Grundbuchwesen in Bayern.

BayObLG. = Bayerisches Oberstes Landesgericht.

BayObLGSt. = Sammlung von Entscheidungen des Bayerischen Obersten Landesgerichts in Strafsachen.

BayObLGZ. = Sammlung von Entscheidungen des Bayerischen Obersten Landesgerichts in Zivilsachen.

BayOLGMünch. = Sammlung von Entscheidungen des Bayerischen Oberlandesgerichts München in Gegenständen des Strafrechts und Strafprozesses.

BayRpflZ. = Zeitschrift für Rechtspflege in Bayern.

BayVBl. = Bayerische Verwaltungsblätter.

BayVGH. = Sammlung von Entscheidungen des Bayerischen Verwaltungsgerichtshofes.

BayVU. = Verfassungsurkunde des Freistaates Bayern v. 4. VIII. 1919 (GVBl. S. 531).

BayZ. = Zeitschrift für Rechtspflege in Bayern.

BBeir. = Beamtenbeirat.

BBesG. (Bay.) = Beamtenbesoldungsgesetz v. 2. VI. 1920 (GVBl. S. 275).

Bd. = Band, Bund.

BDiensteinkG. (Pr.) = Gesetz über das Diensteinkommen der unmittelbaren Staatsbeamten v. 17. XII. 1920/1. IX. 1924, in der Fassung v. 13. V. 1924 (GS. S. 487), 9. X. 1924 (GS. S. 621), 5. VI. 1925 (GS. S. 61).

BeamtUFürsG. = Unfallfürsorgegesetz für Beamte und für Personen des Soldatenstandes v. 18. VI. 1901 (RGBl. I, S. 211).

BefördStG. = Beförderungssteuergesetz; Gesetz über die Besteuerung des

Personen- und Güterverkehrs v. 4. IV. 1917 (RGBl. S. 329), in der Fassung vom 29. VI. 1926 (RGBl. I S. 357).

Begr., Bgr. = Begründung.

Beh. = Behörde.

BeherbSt. = Beherbergungssteuer.

Beil. = Beilage.

Beir. = Beirat.

Beitr. = Beitrag, Beiträge.

BeitrO. = Beitreibungsordnung v. 23. VI. 1923 (RMBl. S. 595), 21. XII. 1923 (RGBl. I, S. 1238), 19. I. 1927 (RMBl. S. 23).

Bek., Bk. = Bekanntmachung.

BekBesGeb. = Bekanntmachungen des Präsidenten der Reichsvermögensverw. für die besetzten rheinischen Gebiete über Zulassung von Gesetzen und Verordnungen des Reichs im besetzten Gebiet.

BekIntAbkNachtarb. s. unter IntAbkNachtarb.

Bekl. = Beklagter.

Bem. = Bemerkung.

BenshSamml., **RArbGBensh.** = Entscheidungen des Reichsarbeitsgerichts und der Landesarbeitsgerichte (Flatow-Gerstel-Hueck-Nipperdey).

Ber., B. = Bericht.

Ber., = Berufung.

BerFrist. = Berufungsfrist.

BerG., BG. = Berufungsgericht.

BerG., **BerGen.** = Berufsgenossenschaft.

BerGenZ. = Zeitschrift der Berufsgenossenschaft.

BergG. (Pr.) = Allgemeines Berggesetz für die preußischen Staaten vom 24. VI. 1865 (GS. S. 705), in Fassung vom 18. VI. 1907 (GS. S. 119).

BergrBl. = Bergrechtliche Blätter.

BerInst. = Berufungsinstanz.

BerlKfmGJ. = Jahrbuch des Kaufmannsgerichts Berlin.

BernFrachtÜb., **IÜ.** = Internationales Übereinkommen über den Eisenbahnfrachtverkehr v. 14. X. 1890 (RGBl. 1892, S. 793).

BernKonv. = Übereinkunft betr. die Bildung eines internationalen Verbandes zum Schutze von Werken der Literatur und Kunst v. 9. IX. 1886, revidierte Übereinkunft v. 12. VII. 1910.

BernÜbLitK. = Revidiertes Berner Übereinkommen zum Schutze von Werken der Literatur und Kunst v. 13. XI. 1908 (RGBl. 1910, S. 965), Zusatzprotokoll v. 20. III. 1914.

BerR., BR. = Berufungsrichter.

BerSchr., BSchr. = Berufungsschrift.

BerU., BU. = Berufungsurteil.

BesatzgLG. = Besatzungsleistungsgesetz v. 5. IV. 1927 (RGBl. I, S. 83).

BesatzgPersSchG., BPG. = Besatzungspersonenschädengesetz in der Fassung v. 12. IV. 1927 (RGBl. I, S. 103).

Besch. = Bescheid.

Beschl. = Beschluß.

Beschln. = Beschlagnahme.

BeschW. = Beschwerde.
BeschwF. = Beschwerdeführer.
BesG., **BesoldG.** = Besoldungsgesetz v. 16. XII. 1927 (RGBl. I, S. 349).
BesGes., **BesoldG.** (Pr.) = Preußisches Besoldungsgesetz v. 17. XII. 1927 (GS. S. 223).
BesStG. = Besitzsteuergesetz v. 3. VII. 1913, neue Fassung v. 26. X. 1922, vgl. auch RGBl. 1923, I, S. 1205.
Best. = Bestimmung(en).
BestechVO. = Verordnung gegen Bestechung und Geheimnisverrat nichtbeamteter Personen v. 3. I. 1917/12. II. 1920 (RGBl. S. 230, 393).
Betr. = Betrieb.
BetrBilG. = Gesetz über die Betriebsbilanz und die Betriebsgewinn- und Verlustrechnung v. 5. II. 1921 (RGBl. I, S. 159).
BetrO. = Betriebsordnung.
BetrR. = Betriebsrat.
BetrRG., BRG. = Betriebsrätegesetz v. 4. II. 1920 (RGBl. I, S. 147), 28. II. 1928 (RGBl. S. 46). Ausführungsverordnungen v. 14. IV. 1920 (RGBl. I, S. 522), 7. XII. 1927 (RGBl. I, S. 147).
BetrRGWahlO. = Wahlordnung zum Betriebsrätegesetz v. 5. II. 1920 (RGBl. S. 175).
BetrRAufsRG. = Gesetz über die Entsendung von Betriebsratsmitgliedern in den Aufsichtsrat v. 15. II. 1922 (RGBl. I, S. 209).
BetrStG. = Betriebssteuergesetz; Gesetz über die Besteuerung der Betriebe v. 11. VIII. 1923 (RGBl. I, S. 769).
BetrVerb. = Betriebsverband.
Bevollm. = Bevollmächtigter.
BezA. = Bezirksamt.
BezAusschs. = Bezirksausschuß.
BezBetrR. = Bezirksbetriebsrat.
BezFürsVerb. = Bezirksfürsorgeverband.
BezJA. = Bezirksjugendamt.
BezO. (Bay.) = Bezirksordnung v. 17. X. 1927 (GVBl. S. 325).
BezO. (Württ.) = Bezirksordnung v. 28. VII. 1906 (RegBl. S. 442).
BezSchlA. = Bezirksschlichtungsausschuß.
BezugsrSt. = Bezugsrechtsteuer.
BG., BeamtG. (Bay.) = Beamtengesetz v. 16. VIII. 1908 (GVBl. S. 581).
BG., BerG. = Berufungsgericht.
BGB. = Bürgerliches Gesetzbuch für das Deutsche Reich v. 18. VIII. 1896 (RGBl. S. 195).
BGBl. = Bundesgesetzblatt.
Bgr., Begr. = Begründung.
BHaftG. = Gesetz über die Haftung des Reichs für seine Beamte v. 22. V. 1910 (RGBl. S. 798).
BHaftG. (Pr.) = Gesetz über die Haftung des Staates und anderer Verbände für Amtspflichtverletzungen von Beamten bei Ausübung der öffentlichen Gewalt v. 1. IX. 1909 (GS. S. 695).
BHinterblG. = Beamtenhinterbliebenengesetz v. 17. V. 1907 (RGBl. I, S. 245).
BierstG. = Biersteuergesetz v. 9. VII. 1923 (RGBl. I, S. 557) mit

Änderungen v. 11. VIII. 1923 (RGBl. I, S. 770), 13. II. 1924 (RGBl. I, S. 68), 10. VIII. 1925 (RGBl. I, S. 244), 8. III. 1926 (RGBl. I, S. 151).

BinnSchG., BSchiffG., BSchG. = Binnenschiffahrtsgesetz, Gesetz betr. die privatrechtlichen Verhältnisse der Binnenschiffahrt in der Fassung v. 20. V. 1898 (RGBl. 1898, S. 868).

Bk., Bek. = Bekanntmachung.

Bl. = Blatt, Blätter.

BlAdmPr. = Blätter für administrative Praxis und Polizeigerichtspflege, neu erschienen als Bayerische Verwaltungsblätter (BayVBl.).

BlArbR. = Blätter für Arbeitsrecht.

BlArmPfl. = Blätter für Armenpflege und soziale Fürsorge.

BlGefängnK. = Blätter für Gefängniskunde.

BlGenossW. = Blätter für Genossenschaftswesen.

BlIntPr. = Blätter für Internationales Privatrecht, Beilage zur Leipziger Zeitschrift.

BlPatW. = Blatt für Patent-, Kunst- und Zeichenwesen.

BlVerglRW. = Blätter für vergleichende Rechtswissenschaft und Volkswirtschaftslehre.

BlumsAnn., AnnRG. = Annalen des Reichsgerichts, herausgegeben von Blum.

BöhmsZ., **NiemeyersZ.** = Zeitschrift für Internationales Recht, begründet von Böhm, jetzt herausgegeben von Niemeyer.

BörsG., BG. = Börsengesetz v. 8. V. 1908 (RGBl. I, S. 250), geändert durch Gesetz v. 23. XII. 1920 betr. den Devisenterminhandel (RGBl. S. 2317), Gesetz v. 28. XII. 1921 (RGBl. 1922, I, S. 25), Verordnung zur Überleitung des Börsengesetzes in das neue Währungsverhältnis v. 21. III. 1925 (RGBl. I, S. 31).

BörsUmsSt. = Börsenumsatzsteuer.

BPG., **BesatzgPersSchG.** = Besatzungspersonenschädengesetz in der Fassung v. 12. IV. 1927 (RGBl. I, S. 103).

BR., BerR. = Berufungsrichter.

BR., **BundR.** = Bundesrat.

BranntwMonG. = Branntweinmonopolgesetz, Gesetz über das Branntweinmonopol v. 8. IV. 1922 (RGBl. I, S. 405), v. 11. VIII. 1923 (RGBl. I, S. 770). VO. v. 13. II. 1924 (RGBl. I, S. 68).

BraunschwZ. = Zeitschrift für Rechtspflege in Braunschweig.

BreslauAK. = Zeitschrift der Anwaltskammer im Oberlandesgerichtsbezirk Breslau. (Ohne Band- und Seitenzahl bedeutet die Abkürzung die Vereinigung.)

BRVO., **BundRVO.** = Bundesratsverordnung.

BSchG., BSchiffG., **BinnSchG.** = Binnenschiffahrtgesetz, Gesetz betr. die privatrechtlichen Verhältnisse der Binnenschiffahrt v. 15. VII. 1895, neue Fassung v. 20. V. 1898 (RGBl. 1898, S. 868).

BSchr., **BerSchr.** = Berufungsschrift.

BU., BerU. = Berufungsurteil.

BundRVO., BRVO. = Bundesratsverordnung.

BürgArch., ArchBürgR. = Archiv für bürgerliches Recht.

BürgM. = Bürgermeister.
BürgR. = Bürgerliches Recht.
BurBl. = Bureaublatt für gerichtliche Beamte.
BuschArch. = Archiv für Theorie und Praxis des Allgemeinen deutschen Handels- und Wechselwesens. 1863—1888.
BuschZ., ZZP. = Zeitschrift für den deutschen Zivilprozeß, begründet von Busch.
bzgl. = bezüglich.
bzw. = beziehungsweise.

C.

CK., ZK. = Civilkammer.
ConradsJ. = Jahrbücher für Nationalökonomie, hrsg. von Conrad.
CPO., ZPO. = Civilprozeßordnung v. 30. I. 1877, neue Fassung v. 13. II. 1924 (RGBl. S. 437).

D.

D., dtsch. = deutsch.
DA., DAnw. = Dienstanweisung.
DanzJMschr. = Danziger juristische Monatsschrift.
DArbgZ. = Deutsche Arbeitgeberzeitung.
das. = daselbst.
DAV., DAnwV. = Deutscher Anwaltverein.
DawesAbk. = siehe unter LondRepGes.
DEisVerkV. = Deutscher Eisenbahn-Verkehrsverband.
DemKomm. = Demobilmachungskommissar.
DemobVO. = Verordnung der Reichsregierung über die Beendigung der wirtschaftlichen Demobilmachung v. 18. II. 1921 (RGBl. S. 189).
Denkschr. = Denkschrift.
DepG., DepotG. = Gesetz betr. die Pflichten der Kaufleute bei Aufbewahrung fremder Wertpapiere v. 5. VII. 1896 (RGBl. S. 183, 194), geändert durch Verordnung v. 21. XI. 1923 (RGBl. I, S. 1119).
DepositG. = Gesetz über Depot- und Depositengeschäfte v. 26. VI. 1925 (RGBl. I, S. 89).
DepotG., DepG. = Gesetz betr. die Pflichten der Kaufleute bei Aufbewahrung fremder Wertpapiere v. 5. VII. 1896 (RGBl. S. 183, 194).
DGemZ. = Deutsche Gemeindezeitung.
DGKG., GKG. = Gerichtskostengesetz in der Fassung v. 5. VII. 1927 (RGBl. I, S. 152).
DGVollzZ., GVollzZ. = Deutsche Gerichtsvollzieher-Zeitung.
d. h. = das heißt.
DienstvergG(Pr). = Gesetz betr. die Dienstvergehen der nichtrichterlichen Beamten v. 21. VII. 1852 (GS. 465), v. 4. VIII. 1922 (GS. 208).
DImmZ. = Deutsche Immobilien-Zeitung.
DIndT. = Deutscher Industrie- und Handelstag oder dessen Verhandlungen.
Diss. = Dissertation.
DiszGRichtV. (Pr.) = Disziplinargesetz für die richterlichen Beamten v. 7. V. 1851

(GS. S. 218), 26. III. 1856 (GS. S. 201), 9. IV. 1879 (GS. S. 345), 31. VII. 1922 (GS. S. 207).

DiszGNichtrichtB. (Pr.) = Disziplinargesetz für die nichtrichterlichen Beamten v. 21. VII. 1852 (GS. S. 465), 25. III. 1917 (GS. S. 49), 4. VIII. 1922 (GS. S. 208), 23. XII. 1927 (GS. S. 294).

DiszH. = Disziplinarhof.

DJT. = Deutscher Juristen-Tag oder dessen Verhandlungen.

DJSt., **DJStat.** = Deutsche Justizstatistik.

DJZ., DJurZ. = Deutsche Juristenzeitung.

DKrankKZ. = Deutsche Krankenkasse (Zeitschrift).

DLandwK. = Zentralblatt des Deutschen Landwirtschaftsrats und der Preußischen Haupt- und Landwirtschaftskammer (ohne Band- und Seitenzahl Vereinigung).

DNotV. = Deutscher Notariatsverein, Zeitschrift des Deutschen Notarvereins, Deutsche Notariatszeitung.

DO. = Dienstordnung.

DogmJahrb., JheringsJ. = Jherings Jahrbücher für die Dogmatik des Bürgerlichen Rechts.

DoppstG. = Doppelsteuergesetz v. 23. III. 1909 (RGBl. S. 331).

DPolArch. = Deutsches Polizeiarchiv.

DRAZ. = Deutsche Rechtsanwaltszeitung.

DReichsbGes. = Deutsche Reichsbahngesellschaft.

DReichsbHV. = Deutsche Reichsbahngesellschaft-Hauptverwaltung.

DRG., DRGM. = Deutsches Reichs-Gebrauchsmuster.

DRP. = Deutsches Reichspatent.

DRPo., DRP., RPo. = Deutsche Reichspost.

DRW., DRWZ. = Deutsches Reichswasserzeichen.

DRZ., DRichtZ. = Deutsche Richter-Zeitung.

DrucksAbgH. = Drucksachen des Hauses der Abgeordneten.

DrucksHerrenh. = Drucksachen des Herrenhauses.

DStBl. = Deutsches Steuerblatt.

DStKorr. = Deutsche Steuerkorrespondenz.

DStZ., **DStrZ.** = Deutsche Strafrechtszeitung.

DStTMitt. = Deutscher Städtetag oder dessen Mitteilungen.

DStZ. = Deutsche Steuerzeitung.

dtsch., D. = deutsch.

DurchfBest. = Durchführungsbestimmungen.

DurchfVO., DVO. = Durchführungsverordnung.

DVerkStR. = Deutsche Verkehrssteuerrundschau.

DVerkZ. = Deutsche Verkehrszeitung.

DVersZ. = Deutsche Versichertenzeitung.

DVersicherungsZ. = Deutsche Versicherungszeitung.

DVO., **DurchfVO.** = Durchführungsverordnung.

DVorschr. = Dienstvorschrift.

DWirtschZ. = Deutsche Wirtschaftszeitung.

d. W. = des Werkes.

DWohnArch. = Deutsches Wohnungsarchiv.

DZtschrWohlfPfl. = Deutsche Zeitschrift für Wohlfahrtspflege.

E.

E., Entsch. = Entscheidung.

E., Entw. = Entwurf.

EA., EinA., EinigA. = Einigungsamt, Einigungsamt und Mietsschöffengericht, Zeitschrift.

EBBO., EisBBetrO. = Eisenbahn-Bau- und Betriebsordnung v. 4. XI. 1904 (RGBl. S. 387), neue Fassung tritt am 1. X. 1928 in Kraft.

Ed. = Edikt.

EdelMetG. = Gesetz über den Verkehr mit Edelmetallen, Edelsteinen und Perlen v. 11. VI. 1923 (RGBl. I, S. 369), geändert durch Gesetz v. 29. VI. 1926 (RGBl. I, S. 321).

EG., EinfG. = Einführungsgesetz.

EGBGB., EinfGBGB. = Einführungsgesetz zum Bürgerlichen Gesetzbuch v. 18. VIII. 1896 (RGBl. S. 604).

EgerEntsch., EisenbE. = Eisenbahnrechtliche Entscheidungen und Abhandlungen. Zeitschrift für Eisenbahnrecht, hrsg. von Eger.

EGH. = Ehrengerichtshof (mit Band und Seitenzahl seine Entscheidungen).

EichO. = Eichordnung für das Deutsche Reich v. 8. XI. 1911 (RGBl. S. 960), letzte Änderung v. 21. XII. 1927 (RGBl. I, S. 506).

EichGebO. = Eichgebührenordnung v. 24. V. 1924 (RGBl. I, S. 687), v. 10. II. 1926 (RGBl. I, S. 100).

Eild., DStZ. = Eildienst, Deutsche Steuerzeitung.

EinfG., EG. = Einführungsgesetz.

EinfuhrVO. = Verordnung über Regelung der Einfuhr v. 16. I. 1917 (RGBl. S. 41), v. 22. III. 1920 (RGBl. S. 334), Gesetz v. 3. V. 1922 (RGBl. I, S. 479) und Verordnung v. 13. II. 1924 (RGBl. I, S. 72).

EinkStG. = Einkommensteuergesetz v. 29. III. 1920 (RGBl. I, S. 359), 24. III. / 11. VII. 1921 (RGBl. S. 319, 845, 1580), 10. VIII. 1925 (RGBl. I, S. 189), 22. XII. 1927 (RGBl. I, S. 485).

Einspr. = Einspruch.

EinstwEinst. = Einstweilige Einstellung.

EinstwRuhestVO. (Pr.) = Preußische Verordnung betr. die einstweilige Versetzung der unmittelbaren Staatsbeamten in den Ruhestand v. 26. II. 1919, 17. XII. 1920 (GS. 1921, S. 135/144). Erläutert durch Gesetz v. 21. XI. 1922 (GS. S. 431), 31. XII. 1922 (GS. 1923, S. 1), 1. IV. 1923 (GS. S. 167), 4. VII. 1923 (GS. S. 301).

EinstwV., EinstwVerf. = Einstweilige Verfügung.

EinzR., ER. = Einzelrichter.

EisBBetrO., EBBO. = Eisenbahn- Bau- und Betriebsordnung v. 4. XI. 1904 (RGBl. S. 387). Neue Fassung tritt am 1. X. 1928 in Kraft.

EisenbAufsG. = Gesetz über die Eisenbahnaufsicht v. 3. I. 1920 (RGBl. S. 13).

EisenbE., EgerEntsch. = Eisenbahnrechtliche Entscheidungen und Abhandlungen. Zeitschrift für Eisenbahnrecht, hrsg. von Eger.

EisenbG. (Pr.) = Gesetz über die Eisenbahnunternehmungen v. 30. XI. 1838.
EisenbNBl. = Eisenbahnnachrichtenblatt.
EisenbPoG. = Eisenbahnpostgesetz v. 20. XII. 1875 (RGBl. S. 318, 19. V. 1921 (RGBl. 711).
EisenbSignO., ESO. = Eisenbahnsignalordnung v. 24. VI. 1907 (RGBl. S. 377), Verordnung v. 12. III. 1910 (RGBl. S. 515), v. 23. XII. 1920 (RGBl. 1921, S. 51), v. 16. IX. 1923 (RGBl. II, S. 372, 398).
EisenbStaatsv. = Staatsvertrag über den Übergang der Staatseisenbahnen auf das Reich v. 30. IV. 1920 (RGBl. S. 774).
EisenbVereinsZ., EisenbVZ. = Eisenbahnvereinszeitung.
EisenbVerkO., EVO. = Eisenbahn-Verkehrsordnung v. 16. V. 1928 (RGBl. II, S. 401).
EisenbVOBl., EVBl. = Eisenbahnverordnungsblatt.
EisenbZO., EZO. = Eisenbahn-Zollordnung v. 1. IV. 1913 (Zentralblatt für das Deutsche Reich S. 32).
ElbSchA. = Elbschiffahrtsakte v. 22. II. 1922 (RGBl. 1923, II, S. 183), Zusatzübereinkommen v. 27. I. 1923 (RGBl. II, S. 485).
ElektrEntzG. = Gesetz betr. die Bestrafung der Entziehung elektrischer Arbeit v. 9. IV. 1900 (RGBl. S. 228).
ElektrG. (Bad.) = Gesetz über die Landeselektrizitätsversorgung v. 1. VII. 1921.
ElektrSchiedsVerfVO. = Verordnung über die Schiedsgerichte für die Erhöhung von Preisen bei der Lieferung von elektrischer oder mechanischer Arbeit, usw. v. 16. VI. 1922 (RGBl. S. 511), abgeändert durch die Verordnung v. 28. II. 1923 (RGBl. I, S. 162) und v. 28. VII. 1923 (RGBl. I, S. 759).
ElektrSchiedsVO. = Verordnung über die schiedsgerichtliche Erhöhung von Preisen bei der Lieferung von elektrischer Arbeit, Gas und Leitungswasser v. 1. II. 1919 (RGBl. S. 135) in der Fassung der Verordnung v. 16. VI. 1922 (RGBl. I, S. 510).
ElektrSozG. = Gesetz betr. die Sozialisierung der Elektrizitätswirtschaft v. 31. XII. 1919 (RGBl. 1920 I, S. 19).
ElsLothNotZ. = Notariats-Zeitschrift für Elsaß-Lothringen.
ElsLothZ. = Juristische Zeitschrift für das Reichsland Elsaß-Lothringen.
EnquêteG. = Gesetz über einen Ausschuß zur Untersuchung der Erzeugungs- und Absatzbedingungen der deutschen Wirtschaft v. 15. IV. 1926 (RGBl. I, S. 195).
EnteigG. = Enteignungsgesetz v. 31. VIII. 1919 (RGBl. S. 1527).
EnteigG.(Pr.) = Gesetz über die Enteignung von Grundeigentum v. 11. VI. 1874 (GS. S. 221).
EntlG. = Entlastungsgesetz v. 4. VI. 1923 (RGBl. I, S. 305).
Entsch., E. = Entscheidung.
EntschFG RJA., RJAEntschFG. = Entscheidungen in Angelegenheiten der freiwilligen Gerichtsbarkeit und des Grundbuchrechts, zusammengestellt im Reichsjustiz-Amte (s. jetzt JFG.).
entspr. = entsprechend.
Entw., E. = Entwurf.

Entw. 1925, AmtlE. = Entwurf zu einem deutschen Strafgesetzbuch von 1925 (Reichsratsvorlage).

Entw. 1927 = Entwurf zu einem deutschen Strafgesetzbuch von 1927 (Reichstagsvorlage).

ErbbVO. = Verordnung über das Erbbaurecht v. 15. I. 1919 (RGBl. I, S. 72).

ErbschStG. = Erbschaftssteuergesetz in der Fassung v. 22. VIII. 1925 (RGBl. I, S. 230).

ErgGes. = Ergänzungsgesetz.

ErgStGes. = Ergänzungssteuergesetz.

Erl. = Erlaß.

ErmächtG. = Ermächtigungsgesetz v. 13. X. 1923 (RGBl. S. 943), v. 8. XII. 1923 (RGBl. S. 1179).

Erk. = Erkenntnis.

Erkl. = Erklärung.

ErwlFürsVO. = Erwerbslosenfürsorgeverordnung v. 16. II. 1924 (RGBl. I, S. 127), vgl. ArbVermG.

ErwlVers. = Erwerbslosenversicherung.

EtatG.(Bad.) = Etatgesetz v. 22 V. 1882.

EVO., EisenbVerkO. = Eisenbahn-Verkehrs-Ordnung v. 16. V. 1928 (RGBl. II, S. 401).

EVOAbgO. = Einführungs-Verordnung zur Reichsabgabenordnung v. 18. XII. 1919 (RGBl. S. 2101).

EVOBl., EisenbVOBl. = Eisenbahnverordnungsblatt.

EZO., EisenbZO. = Eisenbahn-Zollordnung v. 1. IV. 1913 (Zentralblatt für das Deutsche Reich S. 32).

F.

F., Fass. = Fassung.

FA., **FinA.** = Finanzamt, Finanzämter.

FAG., **FinAusglG.** = Gesetz über den Finanzausgleich zwischen Reich, Ländern und Gemeinden (Finanzausgleichsgesetz) v. 23. VI. 1923 (RGBl. I, S. 794)), in neuer Fassung v. 27. IV. 1926 (RGBl. I, S. 203).

FAG., **FinAusglG.**(Bay.) = Finanzausgleichsgesetz (GVBl. 1927, S. 283).

FamGLA., LAFG., **LAFamG.** = Landesamt für Familiengüter.

FamGAuflösVO. (Pr.) = Verordnung über Auflösung der Familiengüter v. 10. III. 1919 (GS. S. 39), neue Fassung v. 30. XII. 1920 (GS. 1921, S. 77), Ergänzungsgesetz v. 7. I. 1922 (GS. S. 5).

FeldFPolG. (Pr.) = Preußisches Feld- und Forstpolizeigesetz v. 21. I. 1926 (GS. S. 83).

FerK. = Ferienkammer.

FernsprO. = Fernsprechordnung v. 15. II. 1927 (Anl. zu ABl. Nr. 16).

FerS. = Feriensenat.

Festg. = Festgabe.

Festschr. = Festschrift.

FeststKl. = Feststellungsklage.

FGG. = Gesetz über die Angelegenheiten der freiwilligen Gerichtsbarkeit v. 17. V. 1898, neue Fassung v. 20. V. 1898 (RGBl. S. 771).
FGG.(Pr.) = Gesetz über die Angelegenheiten der freiwilligen Gerichtsbarkeit v. 21. IX. 1899 (GS. S. 249).
FinA., FA. = Finanzamt.
FinAusglG., FAG. = Gesetz über den Finanzausgleich zwischen Reich, Ländern und Gemeinden (Finanzausgleichsgesetz) v. 27. IV. 1926 (RGBl. I, S. 203).
FinEntlVO. = Verordnung zur Entlastung der Finanzbehörden v. 24. X. 1923 (RGBl. I, S. 994).
FinGer., FinG. = Finanzgericht.
FinM., FM. = Finanzminister.
FinMinBl., FMBl. = Finanzministerialblatt.
FischersZ. = Dr. Fischers Zeitschrift für Praxis und Gesetzgebung der Verwaltung, zunächst für das Königreich Sachsen.
FischG. (Pr.) = Fischereigesetz v. 11. V. 1916 (GS. S. 55).
FischG. (Bay.) = Fischereigesetz v. 15. VIII. 1908 (GVBl. S. 527).
FlaggenG. = Gesetz betr. das Flaggenrecht der Kauffahrteischiffe v. 22. VII. 1899 (RGBl. S. 319).
FlaggVO. = Verordnung über die deutschen Flaggen v. 11. IV. 1921 (RGBl. S. 483).
FlößG. = Gesetz betr. die privatrechtlichen Verhältnisse der Flößerei v. 15. VI. 1895 (RGBl. S. 341), v. 21. XII. 1922 (RGBl. 1923, S. 10).
FluchtlG. (Pr.) = Gesetz betr. die Anlegung und Veränderung von Straßen und Plätzen in Städten und ländlichen Ortschaften v. 2. VII. 1875 (GS. S. 561).
FlurBerG. (Bay.) = Flurbereinigungsgesetz v. 5. VIII. 1922 (GVBl. S. 433).
FM., FinM. = Finanzminister.
FMBl. (Pr.) = Preußisches Finanzministerialblatt.
FMBl. (Bay.) = Amtsblatt des Staatsministeriums der Finanzen.
ForstG. (Bad.) = Forstgesetz v. 15. XI. 1833.
FrankfAK. = Zeitschrift der Anwaltskammer im Oberlandesgerichtsbezirk Frankfurt.
FrankfRdsch. = Rundschau, Sammlung gerichtlicher Entscheidungen aus dem Bezirke des Oberlandesgerichts Frankfurt am Main.
FreigesprG. = Gesetz betr. die Entschädigung der im Wiederaufnahmeverfahren freigesprochenen Personen v. 20. V. 1898 (RGBl. S. 345).
FreizügG. = Gesetz über die Freizügigkeit v. 1. XI. 1867 (RGBl. S. 55).
FriedensR. = Friedensrecht, Ein Nachrichtenblatt über die Durchführung des Friedensvertrages.
FriedreichsBl. = Friedreichs Blätter für gerichtliche Medizin und Sanitätspolizei.
FrM. = Friedensmiete.
FrV., FV., VV. = Friedensvertrag von Versailles v. 28. VI. 1919 (RGBl. S. 687).
FundBek. = Bekanntmachung betr. Ausführungsbestimmungen zu den §§ 980, 981, 983 BGB. (Vorschriften über die Fundsachen usw. von Reichsbehörden und Reichsanstalten zu erlassenden Bekanntmachungen v. 16. VI. 1898 (RGBl. S. 912).

FunkVO. = Verordnung zum Schutze des Funkverkehrs v. 8. III. 1924 (RGBl. I, S. 273).
FürsErz. = Fürsorgeerziehung.
FürsPflVO. = Verordnung über die Fürsorgepflicht v. 13. II. 1924 (RGBl. I, S. 100), 8. VI. 1926 (RGBl. I, S. 255).
FV., FrV., **VV.** = Friedensvertrag von Versailles v. 28. VI. 1919 (RGBl. S. 687).

G.

G., Ger. = Gericht.
G., Ges. = Gesetz. (In diesem Verzeichnis ist, soweit keine Verwechslungsgefahr besteht, nur die Abkürzung G. gewählt.)
GA., GArch., **GoltdArch.** = Archiv für Strafrecht und Strafprozeß, begründet von Goltdammer.
GA., GAss., **GerAss.** = Gerichtsassessor.
GareisEntsch., PatEntsch. = Die patentamtlichen und gerichtlichen Entscheidungen in Patent-, Marken- und Musterschutzsachen, begonnen von Gareis.
GAss., **GerAss.**, GA. = Gerichtsassessor.
GBA. = Grundbuchamt.
GBl. = Gesetzblatt.
GBO., GrBO. (Pr.) = Grundbuchordnung v. 13. XI. 1899 (GS. S. 519).
GBO., GrBO. = Grundbuchordnung v. 24. III. 1897, neue Fassung v. 20. V. 1898 (RGBl. 1898, S. 754).
GDA. = Gewerkschaftsbund Deutscher Angestellter (mit Band und Seitenzahl seine Zeitschrift).
GE. = Gegenentwurf zum Vorentwurf eines deutschen Strafgesetzbuchs (1911).
Geb. = Gebühr.
GebG. = Gebührengesetz.
GebO. = Gebührenordnung.
GebOGVollz., **GVollzGebO.**, GV., VO. = Gebührenordnung für Gerichtsvollzieher v. 24. VI. 1878 in Fassung der Bekanntmachung v. 14. XII. 1922 (RGBl. I, S. 917).
GebORA., **RAGebO.**, RAGO. = Gebührenordnung für Rechtsanwälte v. 20. V. 1898 (RGBl. S. 692).
GebOZeug., **ZeugGebO.** = Gebührenordnung für Zeugen und Sachverständige in der Fassung vom 21. XII. 1925 (RGBl. I, S. 471).
GebrMustG., GMG. = Gesetz betr. den Schutz von Gebrauchsmustern v. 1. VI. 1891, in der Fassung v. 7. XII. 1923 (RGBl. II, S. 437).
GefangUFürsG., = Gesetz betr. die Unfallfürsorge für Gefangene v. 30. VI. 1900 (RGBl. S. 536), neue Fassung durch die Verordnung v. 2. X. 1923 (RGBl. I, S. 928) und 14. XII. 1923 (RGBl. I, S. 1198), v. 21. XI. 1924 (RGBl. I, S. 753).
GeldEntwAusglG., = Gesetz über Geldentwertungsausgleich bei bebauten Grundstücken in der Fassung der Bekanntmachung v. 1. VI. 1926 (RGBl. I, S. 251).
GemBez. = Gemeindebezirk.

GemeinhO. (Pr.) = Gemeinheitsteilungsordnung v. 7. VI. 1821 (GS. S. 53).
GemO., rrh., pf. (Pr.) = rechtsrheinische bzw. linksrheinische (pfälzische) Gemeindeordnung v. 29. VI. 1869 (GBl. 1866/69, S. 865/1009).
GemO. (Württ.) = Gemeindeordnung v. 28. VII. 1906 (RegBl. S. 323).
GemO. (Bad.) = Gemeindeordnung v. 5. X. 1921.
GemSchGH. = Gemischter Schiedsgerichtshof.
GemStG. (Württ.) = Gemeindesteuergesetz v. 19. VII. 1923 (RegBl. S. 309).
GemVorst. = Gemeindevorsteher.
GemWahlG., (Pr.) = Gemeindewahlgesetz, Gesetz über die vorläufige Regelung der Gemeindewahlen v. 12. II. 1924 (GS. S. 99), Änderungen und Ergänzungen v. 14. VI. 1924 (GS. S. 556), 24. VII. 1924 (GS. S. 591), 31. XII. 1926 (GS. S. 367).
GemWaisR. = Gemeindewaisenrat.
GenG., GenossG. = Gesetz betr. die Erwerbs- und Wirtschaftsgenossenschaften v. 1. V. 1889, neue Fassung v. 20. V. 1898 (RGBl. S. 55, 810).
GenossBl. = Genossenschaftsblätter.
GenVers., GV. = Generalversammlung.
Ger., G. = Gericht.
GerAss., GA., GAss. = Gerichtsassessor.
GerS. = Der Gerichtssaal.
Ges., G. = Gesetz. (In diesem Verzeichnis ist, soweit keine Verwechslungsgefahr besteht, nur die Abkürzung G. gewählt.)
Ges. = Gesellschaft.
GesellschSt. = Gesellschaftsteuer.
GesSamml., **GS. (Pr.)** = Gesetzsammlung.
GeschAnw. = Geschäftsanweisung.
GeschAufs. = Geschäftsaufsicht.
GeschAufsG. = Geschäftsaufsichtsgesetz; Gesetz über Geschäftsaufsicht zur Abwendung des Konkurses v. 14. III. 1916 (RGBl. S. 1363), neue Fassung v. 8. II. 1924 (RGBl. 1924, I, S. 51), v. 12. VI. 1924 (RGBl. I, S. 641).
GeschlKrG., GeschlKrankhG. = Gesetz zur Bekämpfung der Geschlechtskrankheiten v. 18. II. 1927 (RGBl. I, S. 61).
GeschmMustG., GMG. = Gesetz betr. das Urheberrecht an Mustern und Modellen v. 2. I. 1876 (RGBl. S. 11).
GeschO., GO. = Geschäftsordnung.
GeschSt. = Geschäftsstelle.
GesuR. = Gesetz und Recht, Zeitschrift für allgemeine Rechts- und Staatskunde.
GewaltschVO. = Gewaltschädenverordnung v. 28. X. 1923 (RGBl. I, S. 1018).
GewArch. = Gewerbearchiv für das Deutsche Reich.
GewerkArch. = Gewerkschaftsarchiv, Monatschrift für Theorie und Praxis der gesamten Gewerkschaftsbewegung.
GewerkZ. = Gewerkschaftszeitung, Organ des Allgemeinen Deutschen Gewerkschaftsbundes.
GewGer., GG. = Gewerbegericht, Das Gewerbegericht (Zeitschrift).
GewGerG., GGG. = Gewerbegerichtsgesetz v. 29. VII. 1890, 30. VI. 1901 (RGBl. S. 249), neue Fassung v. 29. IX. 1901 (RGBl. S. 353).

GewKfmGer. = Das Gewerbe- und Kaufmannsgericht, Monatschrift des Verbandes Deutscher Gewerbe- nnd Kaufmannsgerichte.

GewO., GO. = Gewerbeordnung für das Deutsche Reich v. 21. VI. 1869, neue Fassung v. 26. VII. 1900 (RGBl. S. 871).

GewRSch. = Gewerblicher Rechtschutz und Urheberrecht, Zeitschrift des deutschen Vereins für den Schutz des gewerblichen Eigentums.

GewStG. = Gewerbesteuergesetz.

GewUVG., GUVG. = Gewerbe-Unfallversicherungsgesetz v. 6. VII. 1884, 30. I. 1900, neue Fassung v. 5. VII. 1900 (RGBl. S. 573).

GG., **GewGer.** = Gewerbegericht; Das Gewerbegericht, Zeitschrift.

GGG., **GewGerG.** = Gewerbegerichtsgesetz v. 29. VII. 1890/30. VI. 1901 (RGBl. S. 249), neue Fassung v. 29. IX. 1901 (RGBl. S. 353).

GKG., DGKG. = Gerichtskostengesetz (reichsgesetzliches, sonst mit Zusatz, z. B. pr. GKG.), neue Fassung v. 5. VII. 1927 (RGBl. I, S. 152).

GKG. (Pr.) = Gerichtskostengesetz v. 28. X. 1922 (GS. S. 363).

GKO. (Württ.) = Gerichtskostenordnung v. 20. XII. 1926 (RGBl. S. 261).

GlücksspG., = Gesetz gegen das Glücksspiel v. 23. XII. 1919 (RGBl. S. 2145).

GmbH., GmbHG., = Gesellschaft mit beschränkter Haftung; Gesetz betr. die Gesellschaften mit beschränkter Haftung v. 20. IV. 1892 (RGBl. S. 477), neue Fassung v. 20. V. 1898 (RGBl. S. 846).

GMG., **GebrMustG.** = Gesetz betr. den Schutz von Gebrauchsmustern v. 1. VI. 1891, neue Fassung v. 7. XII. 1923 (RGBl. II, S. 437).

GO., **GeschO.** = Geschäftsordnung.

GO., GewO. = Gewerbeordnung für das Deutsche Reich v. 21. VI. 1869, neue Fassung v. 26. VII. 1900 (RGBl. S. 871).

GolddiskBG. = Gesetz über die Golddiskontbank v. 17. III. 1924 (RGBl. S. 71).

GoldschmidtsZ., ZHR. = Zeitschrift für das gesamte Handels- und Konkursrecht, begründet v. Goldschmidt.

GoltdArch., GA., GArch. = Archiv für Strafrecht und Strafprozeß, begründet von Goltdammer.

GoldZollVO. = Verordnung über die Zahlung der Zölle in Gold v. 22. III. 1923 (RGBl. I, S. 216).

GrBO. **GBO.** (Pr.) = Preußische Grundbuchordnung v. 13. XI. 1899 (GS. S. 519).

GrBO., **GBO.** = Grundbuchordnung v. 24. III. 1897, neue Fassung v. 20. V. 1898 (RGBl. S. 369).

GrErwStG. = Grunderwerbsteuergesetz v. 12. IX. 1919 (RGBl. S. 1617), neue Fassung v. 11. III. 1927 (RGBl. I, S. 72).

GrSperrG. GrVerkG. (Pr.), = Gesetz über den Verkehr mit Grundstücken v. 10 II. 1923 (GS. S. 25), 24. V. 1923 (GS. S. 160).

GruchBeitr., Gruch. = Beiträge zur Erläuterung des Deutschen Rechts, begründet von Gruchot.

GrundE. = Das Grundeigentum, Zeitschrift für Haus- und Grundbesitzer.

GrundschG. = Gesetz betr. die Grundschulen und Aufhebung der Vorschulen v. 28. IV. 1928 (RGBl. S. 851), 26. II. 1927 (RGBl. I, S. 67).

GrundstArch. = Grundstücksarchiv.

GrundstWarte = Grundstückswarte, Organ für Hausbesitzer.

GrünhutsZ. = Zeitschrift für das private und öffentliche Recht der Gegenwart, begr. von Grünhut.

GS., GesSamml.(Pr.) = Gesetzsammlung (preußische).

GStA. = Generalstaatsanwalt.

Güteverf. = Güteverfahren.

GüteVO. = Verordnung über das Verfahren in bürgerlichen Rechtsstreitigkeiten v. 13. II. 1924 (RGBl. I, 135).

GuVBl. (Bad.) = Badisches Gesetz- und Verordnungsblatt.

GUVG., GewUVG. = Gewerbe-Unfallversicherungsgesetz v. 6. VII. 1884, 30. I. 1900, neue Fassung v. 5. VII. 1900 (RGBl. S. 573).

GV., **GenVers.** = Generalversammlung.

GVBl. (Bay.) = Bayrisches Gesetz- und Verordnungsblatt.

Gvz., GVollz. = Gerichtsvollzieher.

GVollzGebO., GVGO., GebOfGVollz. = Gebührenordnung für Gerichtsvollzieher v. 24. VI. 1878, neue Fassung v. 20. V. 1898 und 14. XII. 1922 (RGBl. I, S. 917).

GVollzZ., DGVollzZ. = Deutsche Gerichtsvollzieher-Zeitung.

H.

HaagEhescheidAbk. = Abkommen zur Regelung des Geltungsbereichs der Gesetze und der Gerichtsbarkeit auf dem Gebiete der Ehescheidung und der Trennung von Tisch und Bett v. 12. VI. 1902 (RGBl. 1904, S. 231).

HaagEheschlAbk. = Abkommen zur Regelung des Geltungsbereichs der Gesetze auf dem Gebiete der Eheschließung v. 12. VI. 1902 (RGBl. 1904, S. 221).

HaagEhewirkAbk. = Haager Abkommen betr. den Geltungsbereich der Gesetze in Ansehung der Wirkung der Ehe auf die Rechte der Ehegatten in ihren persönlichen Beziehungen und auf das Vermögen der Ehegatten v. 17. VII. 1905.

HaagEntmündAbk. = Haager Abkommen über Entmündigung und gleichartige Fürsorgemaßnahmen v. 17. VII. 1905 (RGBl. 1912, S. 463).

HaagIPrAbk., HaagIntPrivRAbk. = Gesetz über den Beitritt von Staaten zu dem Haager Abkommen über internationales Privatrecht v. 16. IX. 1924 (RGBl. II, S. 363).

HaagLandAbk. = Haager Abkommen, betr. die Gesetze und Gebräuche des Landkriegs v. 18. X. 1907 (RGBl. 1910, S. 107).

HaagNeutrAbk. = Haager Abkommen, betr. die Rechte und Pflichten der neutralen Mächte und Personen im Falle eines Landkrieges v. 18. X. 1907 (RGBl. 1910, S. 151).

HaagVormundschAbk. = Haager Abkommen zur Regelung der Vormundschaft über Minderjährige v. 12. VI. 1902 (RGBl. 1904, S. 240).

HaagZPrAbk. = Haager Abkommen über den Zivilprozeß v. 17. VII. 1905 (RGBl. 1909, S. 410).

HaftpflG. = Gesetz, betr. die Verbindlichkeiten zum Schadensersatz usw. bei dem Betriebe von Eisenbahnen, Bergwerken usw. herbeigeführten Tötungen und Körperverletzungen v. 7. VI. 1871 (RGBl. S. 207).

HammAK. = Zeitschrift der Anwaltskammer Hamm (ohne Band und Seitenzahl die Vereinigung).

HandBeschrVO., HdlBeschrVO. = Verordnung über Handelsbeschränkungen v. 13. VII. 1923 (RGBl. I, S. 706) in der Fassung der Verordnung v. 26. VI. 1924 (RGBl. I, S. 661), des Gesetzes über die Aufhebung der Preistreiberei-Verordnung und damit zusammenhängender Verordnungen v. 9. VII. 1926, v. 5. VII. 1927 (RGBl. I, S. 134).

HansGZ. = Hanseatische Gerichtszeitung, zusammengefaßt mit Hanseatischer Rechtszeitschrift zu Hanseatischer Rechts- und Gerichtszeitung.

HansRGZ. = Hanseatische Rechts- und Gerichtszeitung.

HansRZ. = Hanseatische Rechtszeitschrift für Handel, Schiffahrt und Versicherung, Kolonial- und Auslandsbeziehungen, sowie für Hansestädtisches Recht, zusammengefaßt mit Hanseatischer Gerichtszeitung zu Hanseatischer Rechtszeitschrift und Hanseatischer Gerichtszeitung.

HausarbG. = Hausarbeitgesetz in der Fassung der Bekanntmachung v. 30. VI. 1923 (RGBl. I, S. 472).

HAusg., HdAusg. = Handausgabe.

HB., Hdb. = Handbuch.

HdbUV. = Handbuch der Unfallversicherung.

HdlAbk. = Handelsabkommen.

HdlBeschrVO., HandelsBeschrVO. = Verordnung über Handelsbeschränkungen v. 13. VII. 1923 (RGBl. I, S. 699). (Näheres oben bei HandelsBeschrVO.)

Hdlgh. = Handlungsgehilfe.

HdlReg., HReg. = Handelsregister.

HdlVertr. = Handelsvertrag.

HeerMarHintVersG. = Gesetz über die Versorgung der Angehörigen des Reichsheers und der Marine sowie ihrer Hinterbliebenen v. 4. VIII. 1921 (RGBl. S. 993).

HeimarbLG. = Heimarbeiterlohngesetz v. 27. VI. 1923 (RGBl. I, S. 467).

HerstLuxSt. = Herstellerluxussteuer.

Hess. = Hessisch.

HessRspr. = Hessische Rechtsprechung.

HFürsSt. = Hauptfürsorgestelle.

HGB. = Handelsgesetzbuch v. 10. V. 1897 (RGBl. I, S. 219).

HGR. = Handelsgerichtsrat.

HilfskG. = Gesetz über die eingeschriebenen Hilfskassen v. 20. XII. 1911 (RGBl. S. 985 u. 1912, S. 309).

HinterlegO. (Pr.) = Hinterlegungsordnung v. 21. IV. 1913 (GS. S. 225).

HirthsAnn., AnnDR. = Annalen des Deutschen Reichs, begründet von Hirth.

HK. = Handelskammer.

HKG. (Pr.) = Gesetz über die Handelskammer v. 24. II. 1870 (GS. S. 134), neue Fassung v. 19. VIII. 1897 (GS. S. 343).

HKMitt. = Mitteilungen der Handelskammer.

hL. = Herrschende Lehre.

hM. = Herrschende Meinung.

HMBl. = Ministerialblatt für Handels- und Gewerbeverwaltung.
HöchstRRspr., HRR. = Höchstrichterliche Rechtsprechung. Vereinigte Entscheidungssammlung. Beilage zur Juristischen Rundschau.
HöchstRRStr., HRRStr. = Höchstrichterliche Rechtsprechung auf dem Gebiete des Strafrechts.
HoldheimsMSchr., HoldhMSchr. = Wochenschrift, später Monatsschrift für Handelsrecht und Bankwesen, Steuer- und Stempelfragen. Früher hrsg. von Holdheim, seit 1897 (bis 1919) Monatsschrift für Aktienrecht).
HReg., HdlReg. = Handelsregister.
HRR., **HöchstRRspr.** = Höchstrichterliche Rechtsprechung. Vereinigte Entscheidungssammlung. Beilage zur Juristischen Rundschau.
HRRStr., HöchstRRStr. = Höchstrichterliche Rechtsprechung auf dem Gebiete des Strafrechts.
HRZentrBl., ZentrBlHR. = Zentralblatt für Handelsrecht (Goldschmidt u. Koppe).
HV., **HVerw.** = Hauptverwaltung.
HVA. (Ae.), **HVersA.** = Hauptversorgungsamt (ämter).
HVBl. = Heeresverordnungsblatt.
HW., HandWört. = Handwörterbuch.
HWRechtsW. = Handwörterbuch der Rechtswissenschaft.
HWStaatsW. = Handwörterbuch der Staatswissenschaften.
HWissuHPraxZ., ZſWissuHPrax. = Zeitschrift für Handelswissenschaft und Handelspraxis.
Hyp. = Hypothek.
HypBG. = Hypothekenbankgesetz v. 13. VII. 1899 (RGBl. S. 375), v. 14. VII. 1923 (RGBl. I, S. 635), v. 26. I. 1926 (RGBl. I, S. 97) und v. 21. XII. 1927 (RGBl. I, S. 491).

J.

i. d. Faſſ. v. = in der Fassung vom.
i. e. S. = im engeren Sinne.
i. w. S. = im weiteren Sinne.
IheringsJ., DogmJahrb. = Iherings Jahrbücher für die Dogmatik des bürgerlichen Rechts.
ImpfG. = Impfgesetz v. 8. IV. 1874 (RGBl. S. 31).
IndBelastG. = Gesetz über die Industriebelastung v. 30. VIII. 1924 (RGBl. II, S. 257), mit bisher 12 Durchführungsverordnungen.
IndMitt. = Mitteilungen der Steuerstelle des Reichsverbandes der Deutschen Industrie.
Indu.HKBerl. = Industrie- und Handelskammer, Berlin.
Indu.HKBerlMitt. = Mitteilungen der Industrie- und Handelskammer, Berlin.
Inst. = Instanz.
Instr. = Instruktion.
int., intern. = international.
IntAbkNachtarb. = Internationales Abkommen über das Verbot der Nachtarbeit der gewerblichen Arbeiterinnen v. 26. IX. 1906 (RGBl. 1911, S. 5), dazu Bekanntmachung des Reichsministers des Auswärtigen v. 19. VIII. 1921 (RGBl. S. 1255), 29. IV.

1922 (RGBl. II, S. 104) und 5. XII. 1927 (RGBl. II, S. 1124).

IntAbkNachtarbBek. = Bekanntmachung der Reichsministers des Auswärtigen, betr. das am 26. IX. 1906 in Bern unterzeichnete internationale Abkommen über das Verbot der Nachtarbeit der gewerblichen Arbeiterinnen v. 19. VIII 1921 (RGBl. S. 1255), 29. IV. 1922 (RGBl. II, S. 104), 5. XII. 1927 (RGBl. II, S. 1124).

IntArbA. = Internationales Arbeitsamt (mit Zusatz seine Veröffentlichungen).

IntArbzÜb. = Internationales (Washingtoner) Abkommen über die Arbeitszeit in gewerblichen Betrieben v. 29. XI. 1919.

IntFrachtÜb., JÜG. = Internationales Übereinkommen über den Eisenbahnfrachtverkehr v. 23. X. 1924 (RGBl. 1925, II, S. 183).

IntFrauenÜb. = Internationale Übereinkunft zur Unterdrückung des Frauen- und Kinderhandels v. 30. IX. 1921 (RGBl. 1924, II, S. 180).

IntFunkVertr., IntFunkTelVertr. = Londoner Internationaler Funktelegraphenvertrag v. 5. VI. 1912 (RGBl. 1913, S. 373).

IntKV., IntKrimV. = Internationale kriminalistische Vereinigung (mit Seiten- und Bandzahl die Mitteilungen der Vereinigung).

IntLandArbÜb. = Genfer Übereinkommen über das Vereins- und Koalitionsrecht der landwirtschaftlichen Arbeiter und über die Entschädigung der Landarbeiter bei Arbeitsunfällen v. 12. XI. 1921 (RGBl. 1925, II, S. 171, 174).

IntMeterKonv. = Internationale Meterkonvention v. 20. V. 1875, 6. X. 1921 (RGBl. 1927, II, S. 409).

IntOpAbk. = Internationales Opiumabkommen v. 23. I. 1912 (RGBl. 1921, S. 6).

IntPersÜb., JÜP. = Internationales Übereinkommen über den Eisenbahn-Personen- und -Gepäckverkehr v. 23. X. 1924 (RGBl. 1925, II, S. 483).

IntPhosphAbk. = Internationales Abkommen über das Verbot der Verwendung von weißem (gelbem) Phosphor zur Anfertigung von Zündhölzern v. 26. IX. 1906 (RGBl. 1911, S. 17).

IntReblKonv. = Internationale Reblauskonvention v. 3. XI. 1881 (RGBl. 1882, S. 185).

IntSArbRspr. = Internationale Sammlung der Arbeitsrechtsprechung.

IntVGewRSchutz = Internationale Vereinigung für gewerblichen Rechtsschutz (mit Band- und Seitenzahl das Jahrbuch der Vereinigung).

IntVVglRW. = Internationale Vereinigung für vergleichende Rechtswissenschaft und Volkswirtschaftslehre (mit Band- und Seitenzahl das Jahrbuch der Vereinigung).

IntZollÜb. = Internationale Übereinkunft zur Vereinfachung der Zollförmlichkeiten v. 3. XI. 1923; Gesetz v. 23. VII. 1925 (RGBl. II, S. 672).

InvVers. = Invaliden- und Hinterbliebenenversicherung.

InvVersG. = Invalidenversicherungsgesetz v. 13. VII. 1899 (RGBl. S. 393), neue Fassung v. 19. VII. 1899 (RGBl. S. 463), v. 24. XII. 1899 (RGBl. S. 721).

IrrtVO. = Bekanntmachung über die Verfolgung von Zuwiderhandlungen gegen Vorschriften über wirtschaftliche Maßnahmen vom 18. I. 1917 (Irrtumsverordnung) (RGBl. S. 58).

i.w.S. = im weiteren Sinne.

i.S. = im Sinne des.

IÜ., BernFrachtÜb. = Internationales Übereinkommen über den Eisenbahnfrachtverkehr v. 14. X. 1890 (RGBl. 1892 S. 793).

J.

J., Jhrb., **Jahrb.** = Jahrbuch, Jahrbücher.

JA., **JugA.** = Jugendamt.

JagdG., (Bad.) = Jagdgesetz v. 2. XII. 1850.

JagdG. (Württ.) = Jagdgesetz v. 27. X. 1855 (RGBl. S. 233).

JagdO. (Pr.) = Jagdordnung v. 15. VII. 1907 (GS. S. 207), mit den Änderungen der Gesetze v. 19. X. 1922 (GS. S. 308), 12. XI. 1923 (GS. S. 532), 23. XI. 1923 (GS. S. 533), 15. VII. 1924 (GS. S. 577).

Jahrb., J. = Jahrbuch.

JahrbArbR., JAR. = Jahrbuch des Arbeitsrechts.

JahrbEntschKG., KGJ. = Jahrbuch der Entscheidungen des Kammergerichts.

JahrbAgrJagdGes. = Jahrbuch der Entscheidungen aus dem Gebiete der preußischen Agrar-, Jagd- und Fischerei-Gesetzgebung.

JahrbDR., JDR. = Jahrbuch des Deutschen Rechts.

JahrbFreiwGer., **JFG.** = Jahrbuch für Entscheidungen in Angelegenheiten der freiwilligen Gerichtsbarkeit und des Grundbuchrechts.

JahrbIntSchGer. = Jahrbuch des Internationalen Schiedsgerichtwesens.

JahrbIntVGewRSchutz = Jahrbuch der Internationalen Vereinigung für gewerblichen Rechtsschutz.

JahrbIntVVglRW. = Jahrbuch der Internationalen Vereinigung für vergleichende Rechtswissenschaft und Volkswirtschaftslehre.

Jahrber., JBer. = Jahresbericht, Jahresberichte.

JahrbStR. = Jahrbuch des Steuerrechts.

JahrbVölkR. = Jahrbuch des Völkerrechts.

Jahrg. = Jahrgang.

JAR., **JahrbArbR.** = Jahrbuch des Arbeitsrechts.

JBer., Jahrber. = Jahresbericht, Jahresberichte.

JDR., **JahrbDR.** = Jahrbuch des Deutschen Rechts.

JFG., JahrbFreiwGer. = Jahrbuch für Entscheidungen der freiwilligen Gerichtsbarkeit und des Grundbuchrechts. Anhang: Entscheidungen des Kammergerichts in Miet- und Pachtschutz, Kosten und Strafsachen. Fortsetzung der Sammlungen KGJ. und RJA. (s. dort).

JGG. = Jugendgerichtsgesetz v. 16. II. 1923 (RGBl. 1923, I, S. 135).

JJZBl., **JugZentrBl.** = Zentralblatt für Jugendrecht und Jugendwohlfahrt.

JM., JustMin. = Justizminister.

JMBl. = Justizministerialblatt.

JPrForstJG. = Jahrbuch der preußischen Forst- und Jagdgesetzgebung.

JR. = Justizrat.

JR., JRundsch., **JurRdsch.** = Juristische Rundschau, Zeitschrift für praktische Rechtskunde.

JStR., **JahrbStR.** = Jahrbuch des Steuerrechts.

JÜG., IntFrachtÜb = Internationales Übereinkommen über den Eisenbahnfrachtverkehr v. 23. X. 1924 (RGBl. 1925 II, S. 183).

JÜP., IntPersÜb. = Internationales Übereinkommen (RGBl. 1925 II, S. 183) über den Eisenbahn-Personen- und Gepäckverkehr v. 23. X. 1924 (RGBl. 1925 II, S. 483).

JugA., JA. = Jugendamt.

JugWohlfG., **JWohlfG.** = Gesetz für Jugendwohlfahrt v. 9. VII. 1922 (RGBl. S. 633).

JugZentrBl., JZBl., ZBlJugR. = Zentralblatt für Jugendrecht und Jugendwohlfahrt.

JurRdschPrVers. = Juristische Rundschau für Privatversicherte.

JurRdsch., JRundsch. = Juristische Rundschau, Zeitschrift für praktische Rechtskunde.

JW.[1]) = Juristische Wochenschrift.

JustAmtmZ. = Zeitschrift des Bundes deutscher Justizamtmänner.

JustBeh. = Justizbehörde.

Justiz = Die Justiz, Zeitschrift für Erneuerung des deutschen Rechtswesens.

JustizdRdsch. = Justizdienstliche Rundschau. Organ zur Vertretung der Fach- und Standesinteressen deutscher Justizbeamter.

JustMin., JM. = Justizminister.

JustMBl. = Justiz-Ministerialblatt.

JVJSchr. = Juristische Vierteljahresschrift.

JW., JurW. = Juristische Wochenschrift.

JWG., **JWohlfG.**, JugWohlfG. = Jugendwohlfahrtsgesetz v. 9. VII. 1922 (RGBl. S. 633).

K.

K. = Kammer.

KabPfG. = Kabelpfandgesetz vom 31. III. 1925 (RGBl. I, S. 37).

KaisVO., KVO. = Kaiserliche Verordnung.

KaliAbsG. = Gesetz über den Absatz von Kalisalzen v. 25. V. 1910 (RGBl. S. 775).

KaliWiG. = Gesetz über die Regelung der Kaliwirtschaft v. 24. IV. 1919 (RGBl. S. 413) in der Fassung des Gesetzes v. 19. VII. 1919 (RGBl. S. 661).

Dazu Durchführungsvorschriften v. 18. VII. 1919 (RGBl. S. 663) abgeändert durch die Verordnungen v. 4. VII. 1921 (RGBl. S. 824), v. 22. X. 1921 (RGBl. S. 1312), v. 14. V. 1923 (RGBl. II, S. 229), v. 28. VI. 1924 (RGBl. II, S. 155), v. 21. XII. 1925 (RGBl. II, S. 1159).

---

[1]) Da sich die kurze Form JW., die die Juristische Wochenschrift ständig verwendet, allmählich durchgesetzt hat, empfiehlt es sich, von den sonstigen Abkürzungen (JurW., JWschrift u. A.) abzusehen.

Ferner Verordnung zur Ausführung der Durchführungsvorschriften zum Kaliwirtschaftsgesetz v. 26. II. 1924 (RGBl. II, S. 44).

KaliSozG. = Gesetz über die Regelung der Kaliwirtschaft v. 24. IV. 1919 (RGBl. S. 413).

KaliVerfVO. = Verordnung über das Verfahren vor den Kalistellen v. 27. I. 1922 (RGBl. I, S. 197).

KalleeKA. = Kartenauskunftei des Arbeitsrechts von Kallee.

KanzlO. (Pr.) = Kanzleiordnung v. 18. III. 1925 (JMBl. S. 106).

KapErtrStG. = Kapitalertragsteuergesetz v. 29. III. 1920 (RGBl. 345), geändert 10. XI. 1924 (RGBl. I, S. 741), geändert 10. VIII. 1925 (RGBl. I, S. 208 u. 241).

KapVerkStG. = Kapitalverkehrsteuergesetz v. 8. IV. 1922 (RGBl. I, S. 354), 9. VII. 1923 (RGBl. I, S. 155), 10. VIII. 1925 (RGBl. I, S. 241).

KartGer., KartG.[1]) = Kartellgericht.

KartRdsch. = Kartell-Rundschau, Monatsschrift für Kartell- und Konzernwesen.

KartVerfVO. = Verordnung über das Verfahren vor dem Kartellgericht auf Grund der Verordnung gegen Mißbrauch wirtschaftlicher Machtstellungen v. 2. XI. 1923 (RGBl. I, S. 1071).

KartVO. = Verordnung gegen Mißbrauch wirtschaftlicher Machtstellungen v. 2. XI. 1923 (RGBl. I, S. 1067), Berichtigung v. 5. XI. 1923 (RGBl. I, S. 1090) (Kartellverordnung).

KE. = Kommissionsentwurf zu einem deutschen Strafgesetzbuch (Strafrechtskommission 1913).

KfH. = Kammer für Handelssachen.

Kfm. = Kaufmann.

kfm., kaufm. = kaufmännisch.

kfmAng. (Angest.) = Kaufmännischer Angestellter.

KfmG.[1]), KfmGer. = Kaufmannsgericht.

KfmGG., KfmGerG. = Gesetz betr. Kaufmannsgerichte v. 6. VII. 1904 (RGBl. I, S. 266).

KfmWuR. = Der Kaufmann in Wirtschaft und Recht. Monatsschrift.

KG.[1]) = Kammergericht.

KGBl. = Blätter für Rechtspflege im Bezirke des Kammergerichts.

KGJ., JahrbEntschKG. = Jahrbuch für Entscheidungen des Kammergerichts in Sachen der freiwilligen Gerichtsbarkeit, in Kosten-, Stempel- und Strafsachen (fortgesetzt in JFG siehe dort).

Kgl. = königlich.

KGPräs. = Kammergerichtspräsident.

KGR. = Kammergerichtsrat.

KH., **KHinterbl.** = Kriegshinterbliebener.

KindSchG. = Kinderschutzgesetz; Reichsgesetz betr. Kinderarbeit in gewerblichen Betrieben v. 30. III. 1903 (RGBl. S. 113), ergänzt durch Gesetz v. 31. VII. 1925 (RGBl. I, S. 162).

---

[1]) Da die Abkürzung KG. seit Jahrzehnten für Kammergericht verwendet wird, empfiehlt es sich, die Abkürzung KG. nur für „Kammergericht" zu verwenden (s. Vorwort).

KirchlGuVBl. = Kirchliches Gesetz- und Verordnungsblatt.
Kl. = Kläger.
KlBetrVO. = Kleinbetragsverordnung v. 3. X. 1922 (RGBl. I, S. 760), v. 28. II. 1923 (RGBl. I, S. 162).
KleinBG. (Pr.) = Preußisches Kleinbahngesetz v. 28. VII. 1892 (GS. S. 225).
KlHdlLuxSt. = Kleinhandelsluxussteuer.
KM. = Kriegsministerium.
KMBl. (Bayr.) = Amtsblatt des Staatsministers für Unterricht und Kultus (bayerisch).
KO. = Konkursordnung v. 10. II. 1877, neue Fassung v. 20. V. 1898 (RGBl. S. 612).
KohlenSozG. = Gesetz über die Regelung der Kohlenwirtschaft v. 23. III. 1919 (RGBl. S. 342).
KohlenVerkVO. = Verordnung über die Regelung des Verkehrs mit Kohlen v. 24. II. 1917 (RGBl. S. 167).
KohlenWiG. = Gesetz über die Regelung der Kohlenwirtschaft v. 23. III 1919 (RGBl. S. 342), geändert durch Ges. v. 20. VIII. 1919 (RGBl. S. 1447).
KolBl. = Deutsches Kolonialblatt, Amtsblatt für die Schutzgebiete des Deutschen Reiches.
KolSchG. = Kolonialschädengesetz, Gesetz über den Ersatz von Kriegsschäden in den ehemaligen deutschen Schutzgebieten v. 28. VII. 1921 (RGBl. S. 1031).
Komm. = Kommission.
KommAbgG. (Pr.) = Kommunalabgabengesetz v. 14. VII. 1893 (GS. S. 152) mit zahlreichen Abänderungen.
KommBer. = Kommissionsbericht.
KommPr., KommPrax. = Kommunale Praxis.
KommVerb. = Kommunalverband.
Komp. = Kompaß, Zeitschrift der Knappschaftsberufsgenossenschaft.
KompKonflGH. = Kompetenzkonfliktsgerichtshof.
KompKonflVO. (Pr). = Verordnung betr. die Verfassung der Verwaltungsgerichte und das Verwaltungsstreitverfahren v. 1. VIII. 1879 (GS. S. 573), v. 22. V. 1902 (GS. S. 145).
Konk. (Bay.) = Konkordat v. 29. III. 1924 (GVBl. 1925, S. 53).
Konk. = Konkurs.
KonkGl. = Konkursgläubiger.
KonkTrW. = Konkurs- und Treuhandwesen (Zeitschrift).
Kons. = Konsul.
KonsGerG., KonsGG. = Gesetz über die Konsulargerichtsbarkeit v. 7. IV. 1900 (RGBl. S. 213).
KonsOrgG. = Gesetz über die Organisation der Bundeskonsulate, sowie die Amtsrechte und Pflichten der Bundeskonsuln v. 8. XI. 1867 (RGBl. S. 137), v. 10. VII. 1879 (RGBl. S. 197).
KonsVertr. = Konsularvertrag.
Konv. = Konvention.
KörpStG. = Körperschaftssteuergesetz v. 20. III. 1920 (RGBl. I, S. 393), v. 10. VIII. 1925 (RGBl. I, S. 208).

KorrBlADG. = Korrespondenzblatt des Allgemeinen Deutschen Gewerkschaftsbundes.

KostG. (Bay.) = Kostengesetz v. 16. II. 1921 (GVBl. S. 134).

KPSchG., **KrPersSchG.** = Gesetz über den Ersatz der durch den Krieg verursachten Personenschäden (Kriegspersonenschädengesetz) v. 15. VII. 1922, neue Fassung v. 30. VI. 1923 (RGBl. I, S. 545).

KraftfBek. = Bekanntmachung über Kraftfahrzeugverkehr v. 5. VII. 1925 (RMBl. S. 1387), v. 29. XII. 1926 (RMBl. 1927, S. 1), v. 21. VII. 1927 (RMBl. S. 221).

KraftfG. = Gesetz über den Verkehr mit Kraftfahrzeugen v. 3. V. 1909 (RGBl. S. 437).

KraftFahrStG. = Kraftfahrzeugsteuergesetz in der Fassung v. 19. V. 1926 (RGBl. I, S. 239).

KraftfLinG. = Kraftfahrliniengesetz v. 26. VIII. 1925 (RGBl. I, S. 319).

KraftfVerkVO. = Verordnung über den Verkehr mit Kraftfahrzeugen v. 5. XII. 1925 (RGBl. I, S. 439), 28. VII. 1926 (RGBl. I, S. 425).

KrankSeeVersG. = Gesetz über die Krankenversicherung der Seeleute v. 16. XII. 1927 (RGBl. I, S. 343).

KrankVersG., KVG. = Krankenversicherungsgesetz v. 27. III. 1923 (RGBl. I, S. 225), 10. I. 1925 (RKBl. I, S. 2), 16. XII. 1927 (RGBl. I, S. 343).

KrankVZ. = Krankenversicherung (Zeitschrift).

KrBesch. = Kriegsbeschädigter.

KrBeschFürsVO. = Verordnung über die soziale Kriegsbeschädigten- und Kriegshinterbliebenenfürsorge v. 8. II. 1919 (RGBl. S. 187).

KrFeststG. = Gesetz über Feststellung von Kriegsschäden im Reichsgebiet v. 3. VII. 1916 (RGBl. S. 675).

KrG., KrGer. = Kriegsgericht.

KrInvG. = Gesetz, betr. Versorgung der Kriegsinvaliden und der Kriegshinterbliebenen v. 31. V. 1901 (RGBl. S. 193).

KrimStat. = Kriminalistik. Bearbeitet im Reichsjustizministerium und im Statistischen Reichsamt.

KrO. (Pr.) = Kreisordnung (für Provinzen Ost- und Westpreußen, Brandenburg, Pommern, Schlesien und Sachsen) v. 13. XII. 1872 (GS. S. 661), in der Fassung des Gesetzes v. 19. III. 1881 (GS. S. 155).

KrO. (Bay.) = Kreisordnung v. 17. X. 1927 (GVBl. S. 335).

KrO. (Bad.) = Kreisordnung v. 19. VI. 1923.

KrPersSchG. = Gesetz über den Ersatz der durch den Krieg verursachten Personenschäden (Kriegspersonenschädengesetz) v. 15. VII. 1922, neue Fassung v. 30 VI. 1923 (RGBl. I, S. 545).

KrSchSchlG., KSSG. = Kriegsschädenschlußgesetz, Gesetz zur Regelung der Liquidations- und Gewaltschäden v. 30. III. 1928 (RGBl. I, S. 120).

KrProvAbgG. (Pr.) = Kreis- und Provinzialabgabengesetz v. 23. IV. 1906 (GS. S. 159).

KrVergütG. = Gesetz über die Vergütung von Leistungen für die feindlichen Heere im besetzten Reichsgebiet und über die vereinfachte Abschätzung von Kriegsleistungen für das deutsche Heer v. 2. III. 1919 (RGBl. S. 261).

KrVJSchr. = Kritische Vierteljahrsschrift für Gesetzgebung und Rechtswissenschaft.

KündSchGAng. = Gesetz über die Fristen für die Kündigung von Angestellten v. 9. VII. 1926 (RGBl. I, S. 399).

KunstUG., KunstUrhG. = Gesetz betreffend das Urheberrecht an Werken der bildenden Künste und der Photographie v. 9. I. 1907 (RGBl. S. 7).

KurhessMitt. = Mitteilungen aus der Rechtspflege im Gebiete des ehemaligen Kurfürstentums Hessen.

KVO., KaisVO. = Kaiserliche Verordnung.

KVG., KrankVersG. = Krankenkassenversicherungsgesetz v. 27. III. 1923 (RGBl. I, S. 225), 10. I. 1925 (RGBl. I, S. 2), 16. XII. 1927 (RGBl. I, S. 343).

KVVO., KrankVVO. = Verordnung über Krankenkassenversicherung v. 3. II. 1919 (RGBl. S. 191).

L.

LA. = Landesamt.

LAArbVerm. = Landesamt für Arbeitsvermittlung.

LAFamG., LAFG. = Landesamt für Familiengüter.

LandesstG. = Landessteuergesetz v. 30. III. 1920 (RGBl. S. 402).

LandwGrVerkBek. = Bekanntmachung über den Verkehr mit landwirtschaftlichen Grundstücken v. 15. III. 1918 (RGBl. S. 123).

LandwPachtKredG., PachtKredG. = Gesetz betreffend die Ermöglichung der Kapitalkreditbeschaffung für landwirtschaftliche Pächter v. 9. VII. 1926 (RGBl. I, S. 399, 412).

LArbA. = Landesarbeitsamt.

LArbG. = Landesarbeitsgericht.

LArbVO. = Verordnung über eine vorläufige Landesarbeitsordnung v. 24. I. 1919 (RGBl. S. 111).

LebMittG. = Gesetz über den Verkehr mit Lebensmitteln und Bedarfsgegenständen (Lebensmittelgesetz) v. 5. VII. 1927 (RGBl. I, S. 134).

LegPer. = Legislaturperiode.

Lehrb., Lhrb. = Lehrbuch.

LeipzZ., LZ. = Leipziger Zeitschrift für Deutsches Recht.

LeuchtmStG. = Leuchtmittelsteuergesetz v. 8 IV. 1922 (RGBl. I, S. 380), v. 9. VII. 1923 (RGBl. I, S. 567), Änderungen v. 11. VIII. 1923 (RGBl. I, S. 772), v. 21. XII. 1923 (RGBl. I, S. 1238).

LFinA., LFA. = Landesfinanzamt.

LFürsVerb. = Landesfürsorgeverband.

LG. = Landgericht.

LGemO., LGO. (Pr.) = Landgemeindeordnung für die 7 östlichen Provinzen der Monarchie v. 3. VII. 1891 (GS. S. 233).

LGD., LGDir.	= Landgerichtsdirektor.
LGPräs.	= Landgerichtspräsident.
LGR.	= Landgerichtsrat.
LichtspG.	= Lichtspielgesetz v. 12. V. 1920 (RGBl. S. 953).
LiqSchG.	= Liquidationsschädengesetz in der Fassung v. 20. XI. 1923 (RGBl. I, S. 1148).
LitUG., LitUrhG.	= Gesetz betr. das Urheberrecht an Werken der Literatur und Tonkunst v. 19. VI. 1901 (RGBl. S. 22), in der Fassung v. 22. V. 1910 (RGBl. S. 793).
LJA., **LJugA.**	= Landesjugendamt.
LKirchStG. (Bad.)	= Landeskirchensteuergesetz v. 30. VI. 1922.
LohnBeschlG.	= Gesetz betr. die Beschlagnahme des Arbeits- u. Dienstlohns v. 26. VI 1869 (RGBl. S. 242).
LohnpfVO.	= Verordnung über Lohnpfändung v. 25. VI. 1919 (RGBl. S. 589, 1921 S. 1657, 1923 I S. 1186, 1924 I S. 25, 1926 I S. 503, 1928 I S. 45).
LohnstatG.	= Gesetz betr. Lohnstatistik v. 27. VII. 1922 (RGBl. I, S. 656).
LohnstGAusfVO.	= Verordnung der Ausführung des Gesetzes betr. Lohnstatistik v. 14. VII. 1927 (RGBl. I, S. 185).
LondRepG.	= Gesetz über die Londoner Konferenz vom 30. VIII. 1924 (RGBl. II S. 289) (Dawes-Abkommen).
LottG., RennwG.	= Lotteriegesetz (Rennwett- und Lotteriegesetz) v. 8. IV. 1922 (RGBl. I, S. 393), Inkraftsetzungsverordnung v. 25. IV. 1922 (RGBl. I, S. 472).
LR.	= Landrichter.
LRat.	= Landrat.
LRentBG. (Pr.)	= Landesrentenbankgesetz vom 29. XII. 1927 (GS. S. 283).
LStG. (Bay.)	= Landessteuergesetz von 1921 (GVBl. S. 361).
LStO (Württ.)	= Landessteuerordnung v. 31. XII. 1925 (RGBl. 1926, S. 7), 25. II. 1927 (RGBl. S. 83).
LT.	= Landtag.
LuftvG.	= Luftverkehrsgesetz v. 1. VIII. 1922 (RGBl. I, S. 681).
LuxSt.	= Luxussteuer.
LVG. (Pr.)	= Gesetz über die allgemeine Landes-Verwaltung vom 30. VII. 1883 (GS. S. 195) mit zahlreichen Änderungen.
LWG., **LWahlG.** (Pr.)	= Gesetz über die Wahlen zum Preußischen Landtag (Landeswahlgesetz), in der Fassung v. 28. X. 1924 (GS. S. 671).
LWG., **LWahlG.** (Bad.)	= Landtagswahlgesetz; Gesetz über die Landtagswahlen, das Volksvorschlagsrecht und die Volksabstimmung v. 29. VII. 1920.
LWG., **LWahlG.** (Bay.)	= Landtagswahlgesetz v. 12. V. 1920 (GVBl. S. 195).
LWO., **LWahlO.** (Bay.)	= Landtagswahlordnung v. 30. III. 1928 (GVBl. S. 95).
LWO., **LWahlO.** (Pr.)	= Landeswahlordnung. Wahlordnung für den Preußischen Landtag v. 29. X. 1924 (GS. S. 684)
LWK.	= Landwirtschaftskammer.
LwM.	= Landwirtschaftsminister.
LwMBl.	= Ministerialblatt der Verwaltung für Landwirtschaft, Domänen und Forsten.

LwStZ. = Landwirtschaftliche Steuerzeitung.

LwUVG. = Unfallversicherungsgesetz für Land- und Forstwirtschaft v. 5. V. 1886, 30. VI. 1900, neue Fassung v. 5. VII. 1900 (RGBl. S. 346).

LZ., LeipzZ. = Leipziger Zeitschrift für Deutsches Recht.

LZentrBeh. = Landeszentralbehörde.

M.

MadridRegistrAbk. = Madrider Abkommen über die internationale Registrierung von Fabrik- und Handelsmarken v. 14. IV. 1891.

MadridHerkBezAbk. = Madrider Abkommen betr. die Unterdrückung falscher Herkunftsangaben auf Waren v. 14. IV. 1891.

MagDR. = Magazin für das deutsche Recht (wird nicht mehr fortgesetzt).

MagnusTab., TabIntR. = Tabellen zum Internationalen Recht, hrsg. von Magnus.

MannVersG. = Mannschaftsversorgungsgesetz v. 31. V. 1906 (RGBl. S. 593), geändert und ergänzt durch Gesetz v. 3. VII. 1913 (RGBl. S. 496), Verordnung v. 1. II. 1919 (RGBl. S. 149), Gesetz v. 4. X. 1919 (RGBl. S. 1787) und Gesetz v. 18. VI. 1923 (RGBl. I, S. 385).

MarBl., MVBl. = Marine-Verordnungsblatt.

MarkschWettbew., MuW. = Markenschutz und Wettbewerb, Monatsschrift für Marken-, Patent- und Wettbewerbsrecht.

MaßO. = Maß- und Gewichtsordnung v. 30. V. 1908 (RGBl. S. 349).

mat. = materiell.

MBl., MinBl. = Ministerialblatt.

MBliV. = Ministerialblatt für die gesamte Preußische innere Verwaltung.

MdI. = Minister des Innern.

MEA. = Mietseinigungsamt.

MEAVerfAnord. = Anordnung der Reichsregierung für das Verfahren vor dem Mietseinigungsamt und der Beschwerdestelle v. 19. IX. 1923 (RGBl. I, S. 885/889).

MecklZ. = Mecklenburgische Zeitschrift für Rechtspflege und Verwaltung.

MHuG., Min.f.Hand.u.G. = Minister für Handel und Gewerbe.

MietBeis. = Der Mieterbeisitzer, Monatsbeilage des Mitteilungsblattes des Reichsbundes Deutscher Mieter.

MietGer. = Mietsgericht, Zeitschrift Deutscher Mietseinigungsämter.

MietMittBl. = Mitteilungsblatt des Reichsbundes Deutscher Mieter.

MietSchG., MSchG. = Gesetz über Mieterschutz und Mietseinigungsämter vom 36. VI. 1926 (RGBl. I, S. 344) mit Änderungen vom 17. III. 1927 (RGBl. I, S. 71) und vom 13. II. 1928, (RGBl. I, S. 17).

AusfVOMietSchG. (Pr.) = Ausführungsverordnung des Preußischen Justizministers zum Mieterschutzgesetz v. 15. VIII. 1923 (GS. S. 405), v. 22. X. 1923 (GS. S. 485). Ausführungsverordnung des Preußischen Wohlfahrtsministers v. 15. IX. 1923 (GS. S. 445), v. 7. IX. 1924 (GS. S. 220).

MietszVO. (Pr.) = Verordnung über die Mietszinsbildung in Preußen v. 17. IV. 1924 (GS. S. 474), v. 11. VI. 1924 (GS. S. 553).

MietVO. (Pr.) = Preußische Verordnung über die gesetzliche Miete v. 25. VI. 1924 (GS. S. 570), v. 25. VI. 1926 (GS. S. 185), v. 26. III. 1927 (GS. S. 36).

MilStGB., MStGB. = Militärstrafgesetzbuch für das Deutsche Reich v. 29. VI. 1872 (RGBl. S. 174), neue Fassung v. 16. VI. 1926 (RGBl. I, S. 275).

MilStGBÄndG. = Gesetz, betr. Änderung des Militärstrafgesetzbuches und der Militärstrafgerichtsordnung v. 6. II. 1911 (RGBl. S. 31). Änderung v. 14. VII. 1914 (RGBl. S. 247).

MilStGBMildG. = Gesetz, betr. Milderungen im Militärstrafgesetzbuche v. 25. IV. 1917 (RGBl. S. 381) und 25. VII. 1918 (RGBl. S. 777).

MilStGerO., MilStGO. = Militärstrafgerichtsordnung v. 1. XII. 1898 (RGBl. S. 1189).

MilVGer., MilVersGer. = Militärversorgungsgericht.

Min., M. = Minister.

Min. = Ministerium.

MinBl., MBl. = Ministerialblatt.

MinDir. = Ministerialdirektor.

MinErl. = Ministerialerlaß.

MinfHanduGew., MHuG. = Minister für Handel und Gewerbe.

MinPr., MPr. = Ministerpräsident.

MinR. = Ministerialrat.

Mitgl. = Mitglied.

Mitt. = Mitteilungen.

MittPat., **MittPatA.** = Mitteilungen des Verbandes Deutscher Patentanwälte.

MittStAuskStInd. = Mitteilungen der Steuerauskunftsstelle des Reichsverbandes der Deutschen Industrie.

MonSchr., MSchr. = Monatsschrift.

Mot. = Motive (mit Band und Seitenzahl: Motive zu dem Entwurfe eines Bürgerlichen Gesetzbuchs, 5 Bände, 1888).

MSchG., **MietSchG.** = Gesetz über Mieterschutz und Mieteinigungsämter v. 1. VI. 1923 (RGBl. I, S. 353).

MSchr., MonSchr. = Monatsschrift.

MSchrArbV., MSchrArbVers. = Monatsschrift für Arbeiter- und Angestelltenversicherung.

MSchrKrimPsych. = Monatsschrift für Kriminalpsychologie und Strafrechtsreform.

MStGB., MStGBÄndG., MStGBMildG., MStGB. = vgl. unter Mil.

MünzG. = Münzgesetz v. 3. VIII. 1924 (RGBl. II, S. 254).

MutterSchG. = Gesetz über die Beschäftigung vor und nach der Niederkunft (Mutterschutzgesetz) v. 16. VII. 1927 (RGBl. I. S. 184).

MuW., MarkschWettbew. = Markenschutz und Wettbewerb, Monatsschrift für Marken-, Patent- und Wettbewerbsrecht.

MVBl., MarVBl. = Marine-Verordnungsblatt.

MVGer., MilVersGer. = Militärversorgungsgericht.

MVG., **MannVersG.** = Mannschaftsversorgungsgesetz v. 31. V. 1906 (RGBl. S. 593), geändert und ergänzt durch Gesetz v. 3. VII. 1913 (RGBl. S. 496), Verordnung v. 1. II. 1919 (RGBl. S. 149), Gesetz v. 4. X. 1919 (RGBl. S. 1787) und Gesetz v. 18. VI. 1923 (RGBl. I, S. 385).

N.

NAK., **NArbK.** = Neue Arbeitsrechtskartei.
NahrMittG., NMG. = Gesetz betr. den Verkehr mit Nahrungsmitteln, Genußmitteln und Gebrauchsgegenständen v. 14. V. 1879 (RGBl. S. 145).
NatVers., NV., NVers. = Nationalversammlung, Wahlen v. 30. XI. 1918 (RGBl. S. 1345).
NaumbKZ. = Naumburger Kammerzeitung, Zeitschrift der Anwaltskammer des Oberlandesgerichtsbezirks Naumburg.
NEntschR. = Neue Entschädigungsrichtlinien v. 24. XII. 1921 (RZBl. 1922, S. 1), v. 28. II. 1923 (RMBl. S. 214), v. 31. III. 1923 (RMBl. S. 183).
NF., NFass. = Neue Fassung.
NF. = Neue Folge
NiemeyersZ., BöhmsZ. = Niemeyers Zeitschrift für Internationales Recht.
Not. = Notar.
NotG. (Bay.) = Bayerisches Notargesetz v. 9. VI. 1899.
NotG., = Notgesetz v. 24. II. 1923 (RGBl. I, S. 147).
NotOG. = Gesetz über das Reichsnotopfer v. 31. XII. 1919 (RGBl. I, S. 1205).
NotstBest. = Bestimmungen über öffentliche Notstandsarbeiten v. 30. IV. 1925 (RGBl. I, S. 53).
NovAufwG., AufwGNov. = Novelle zum Aufwertungsgesetz v. 9. VII. 1927 (RGBl. I, S. 171).
NovFinAusglG., FinAusglGNov. = Novelle zum Finanzausgleichsgesetz v. 30. III. 1920 (RGBl. I, S. 402), v. 10. VIII. 1925 (RGBl. I, S. 254), in der Fassung v. 27. IV. 1926 (RGBl. I, S. 203).
NRRFH. = Neueste Rechtssätze des Reichsfinanzhofs.
NStRdsch. = Neue Steuerrundschau.
NVers., NV., **NatVers.** = Nationalversammlung, Wahlen v. 30. XI. 1918 (RGBl. S. 1345).
NZArbR. = Neue Zeitschrift für Arbeitsrecht.

O.

O. = Ordnung.
OAR., OAmtsR. = Oberamtsrichter.
ObAussch.KrSch. = Oberausschuß zur Feststellung von Kriegsschäden.
ObLG. = Oberstes Landesgericht (Bay.).
ObLGR = Oberstlandesgerichtsrat.
Öff. = Öffentlich.
ObTrib., OTr. = Obertribunal und seine Entscheidungen.
ÖffArbNachw. = Öffentlicher Arbeitsnachweis.
ÖffR. = Öffentliches Recht.
Öst. = Österreichisch.
OffAnz. = Offizieller Anzeiger.
OffHG., **OHG.** = Offene Handelsgesellschaft.

OffPensG. = Gesetz über die Pensionierung der Offiziere einschließlich Sanitätsoffiziere des Reichsheeres, der Kaiserlichen Marine und der Kaiserlichen Schutztruppen v. 31. V. 1906 (RGBl. S. 565), v. 4. X. 1919 (RGBl. S. 1787), v. 18. VI. 1923 (RGBl. I, S. 385), v. 22. VI. 1923 (RGBl. I, S. 513), v. 28. VII. 1925 (RGBl. I, S. 163), v. 21. XII. 1927 (RGBl. I, S. 487).
OHG., OffHG. = Offene Handelsgesellschaft.
OJR. = Oberjustizrat.
OKrankK., = Ortskrankenkasse (auch Zeitschrift).
OKrG., OKrGer. = Oberkriegsgericht.
OldZ. = Zeitschrift für Verwaltung und Rechtspflege in Oldenburg.
OLG. = Oberlandesgericht.
OLGMünchenSt. = Sammlung von Entscheidungen des Oberlandesgerichts München in Gegenständen des Strafrechtes und Strafprozesses.
OLGPräs., OLGPr. = Oberlandesgerichtspräsident.
OLGR. = Oberlandesgerichtsrat.
OLGRspr., Rspr. = Die Rechtsprechung der Oberlandesgerichte auf dem Gebiete des Zivilrechts.
OMA., **OMilA.** = Obermilitäranwalt.
OPD., **OPoD.** = Oberpostdirektion.
OpG. = Opiumgesetz s. IntOpAbk.
ORA. = Ober-Reichsanwalt.
ORK., **ORechK.** = Oberrechnungskammer.
ORKG., **ORechKG.** = Gesetz über die Befugnisse der Oberrechnungskammer v. 27. III. 1872 (GS. S. 278), v. 22. III. 1912 (GS. S. 29).
ORKJ., **ORechKJnstr.** = Oberrechnungskammer-Jnstruktion v. 18. XII. 1924.
ORechR., ORR. = Oberrechnungsrat.
ORegR., ORegR. = Oberregierungsrat.
OSchG., OSchGer. = Oberschiedsgericht.
OSeeA. = Ober-Seeamt, Entscheidungen des Obersee-Amtes und der Seeämter des Deutschen Reichs.
OStA. = Oberstaatsanwalt.
OstRZ., OstR. = Zeitschrift für Ostrecht.
OTr., ObTrib. = Obertribunal (und seine Entscheidungen).
OVA., **OVersA.** = Oberversicherungsamt mit Band- und Seitenzahl seiner Entscheidungen.
OVG. = Oberverwaltungsgericht.
OVGPräs. = Oberverwaltungsgerichtspräsident.
OVGR. = Oberverwaltungsgerichtsrat.

P.

PachtKredG., LandwPKredGes. = Gesetz betr. die Ermöglichung der Kreditbeschaffung für landwirtschaftliche Pächter v. 9. VI. 1926.
PA., **ParlAusſch.** = Parlamente.
PA., **PatA.** = Patentamtarischer Ausschuß.

PABl., **PoABl.** = Amtsblatt des Reichspostministeriums.

PachtschO., PSchO. = Pachtschutzordnung v. 23. VII. 1925 (RGBl. I, S. 152).

PachtschO., PSchO. (Pr.) = Preußische Pachtschutzordnung v. 9. IX. 1927 (GS. S. 177).

PächtZ. = Der landwirtschaftliche Pachtbetrieb, Zeitschrift der Reichsarbeitsgemeinschaft landwirtschaftlicher Pachtbetriebe.

PaßG. = Gesetz über das Paßwesen v. 12. X. 1867 (RGBl. S. 33), geändert durch Gesetz v. 1. IV. 1920 (RGBl. S. 465), 24. II. u. 5. XII. 1923 (RGBl. I, S. 147, 1077), VO. v. 27. VI. 1924 (RGBl. I, S. 657).

PatA., PA. = Patentamt.

PatAnw., PAnw. = Patentanwalt.

PatAnwG., PAG. = Gesetz betr. die Patentanwälte v. 21. V. 1900 (RGBl. S. 233).

PatBl., PBl. = Patentblatt.

PatEntsch., GareisEntsch. = Die patentamtlichen und gerichtlichen Entscheidungen in Patent-, Marken- und Musterschutzsachen, begonnen von Gareis.

PatG., PG. = Patentgesetz v. 7. IV. 1891 in der Fassung v. 7. XII. 1923 (RGBl. II, S. 437), 26. III. 1926 (RGBl. II, S. 181).

PatGebG. = Gesetz über die patentamtlichen Gebühren v. 26. III. 1926 (RGBl. II, S. 181).

PatMustZeichBl., PMZBl. = Blatt für Patent, Muster- und Zeichenwesen.

PatVerlG., = Gesetz betr. eine verlängerte Schutzdauer bei Patenten und Gebrauchsmustern, sowie die Wiedereinsetzung in den vorigen Stand im Verfahren vor dem Reichspatentamt v. 27. IV. 1920 (RGBl. S. 675).

PBl., **PatBl.** = Patentblatt.

PEA. = Pachteinigungsamt.

PensErgG. = Pensionsergänzungsgesetz v. 21. XII. 1920 (RGBl. S. 2109).

PensErgG. (Bay.) = Pensionsergänzungsgesetz v. 23. III. 1921 (GVBl. S. 117).

PersAbbG. = Personalabbaugesetz v. 4. VIII. 1925 (RGBl. I, S. 181), 27. III. 1926 (RGBl. I, S. 185), 15. VII. 1926 (RGBl. I, S. 411), 28. XII. 1926 (RGBl. I, S. 531), 16. VII. 1927 (RGBl. I, S. 185).

PersAbbVO. = Personalabbauverordnung v. 27. X. 1923 (RGBl. I, S. 999), 28. I. 1924 (RGBl. I, S. 39), 24. XII. 1926 (RGBl. I, S. 532).

PersAbbVO. (Pr.) = Personalabbauverordnung v. 8. II. 1924 (GS. S. 73), 6. VI. 1925 (GS. S. 61).

PersStAuslG. = Gesetz betr. die Eheschließung und die Beurkundung des Personenstandes von Bundesangehörigen im Auslande v. 4. V. 1870 mit Änderungen (RGBl. 1870, S. 599; 1896, S. 604; 1920, S. 1209).

PersStG., PStG. = Gesetz über die Beurkundung des Personenstandes und die Eheschließung v. 6. II. 1875 (RGBl. S. 23), neueste Zusammenstellung der Bestimmungen Erlaß v. 2. IX. 1924 (MBl. S. 406).

PfälzRpr. = Pfälzische Rechtspraxis.
PFO., PoFO. = Postfuhrordnung.
PG., PatG. = Patentgesetz v. 7. IV. 1891 in der Fassung v. 7. XII. 1923 (RGBl. II, S. 437).
Pl., PlenEntsch. = Plenarentscheidung.
PMZBl, PatMustZeichBl. = Blatt für Patent-, Muster- und Zeichenwesen.
PoABl., PABl. = Amtsblatt des Reichspostministeriums.
PoFO., PFO. = Postfuhrordnung.
PolBG. (Pr.) = Polizeibeamtengesetz v. 31. VII. 1927 (GS. S. 151).
PolDir. = Polizeidirektion.
PolG. (Bad.) = Gesetz über die Polizeiverwaltung, das Polizeistrafgesetzbuch und das Polizeistrafverfahren v. 31. I. 1923.
PolKG. (Pr.) = Polizeikostengesetz v. 3. VI. 1908 (GS. S. 149), v. 6. XI. 1924 (GS. S. 727), v. 19. III. 1926 (GS. S. 99), v. 22. IV. 1927 (GS. S. 60).
PolPr. = Polizeipräsident.
PolVerwG., PVG. (Pr.) = Gesetz über die Polizeiverwaltung v. 11. III. 1850 (GS. S. 265).
PolVerwG., PVG. (Württ.) = Gesetz über die staatliche Polizeiverwaltung v. 24. VIII. 1927 (RegBl. S. 269).
PoO., PO. = Postordnung v. 22. XII. 1921 (RGBl. S. 1609).
PosJMSchr., PosMSchr. = Juristische Monatsschrift für Posen, West- und Ostpreußen und Pommern.
PostG. = Gesetz über das Postwesen des Deutschen Reiches v. 28. X. 1871 (RGBl. S. 347), neue Fassung v. 13. XII. 1922 (RGBl. I, S. 913).
PostscheckG. = Postscheckgesetz v. 26. III. 1914 in der Fassung v. 22. III. 1921 (RGBl. S. 247), 18. III. 1924 (RGBl. I, S. 287).
PostscheckO. = Postscheckordnung v. 7. IV. 1921 (RGBl. S. 459), v. 16. XII. 1927 (ABl. S. 519).
PoVersKomm. = Postversicherungskommission.
PoZollO. = Postzollordnung v. 28. I. 1909, geändert durch Verordnung v. 8. I. 1922 (RGBl. I, S. 183), v. 12. V. 1925 (RMBl. S. 335), v. 17. XII. 1925 (RMBl. S. 1443), v. 17. V. 1926 (RMBl. S. 540), v. 17. VI. 1926 (RMBl. S. 825), v. 22. II. 1927 (RMBl. S. 62).
Pr. = Preußisch.
PrArch. = Preußisches Archiv.
Präs. = Präsident.
PrBesBl. = Preußisches Besoldungsblatt.
PreistrVO., PrTreibVO. = Verordnung über die Preistreiberei in der Fassung v. 6. II. 1924 (RGBl. I, S. 44), aufgehoben durch Gesetz v. 19. VII. 1926 (RGBl. I, S. 413).
PreßG. = Gesetz über die Presse v. 7. V. 1874 (RGBl. S. 65).
PrisGO. = Prisengerichtsordnung v. 15. IV. 1911 (RGBl. 1914, S. 301), neueste Fassung v. 20. VII. 1917 (RGBl. S. 638).
PrisO. = Prisenordnung v. 30. IX. 1909 (RGBl. 1914, S. 275, 441, 481), neueste Fassung v. 24. IV. 1918 (RGBl. S. 361).

PrivLuxSt. = Privatluxussteuer.

PrivNotBG. = Privatnotenbankgesetz v. 30. VIII. 1924 (RGBl. II, S. 246; 1925, II, S. 114).

PrivR. = Privatrecht.

Prot. = Protokoll; Protokolle (mit Band und Seitenzahl meist: Die Protokolle der Zweiten Kommission zum Entwurf eines Bürgerlichen Gesetzbuches, hrsg. von Achilles, Gebhard und Spahn, 7 Bände, 1897/1899).

PrOVG. = Preußisches Oberverwaltungsgericht, Entscheidungen des Preußischen Oberverwaltungsgerichts.

PrOVGSt. = Entscheidungen des Preußischen Oberverwaltungsgerichts in Strafsteuersachen.

ProvO. (Pr.) = Provinzialordnung für die östlichen Provinzen v. 29. VI. 1875 (GS. S. 335), in der Fassung v. 22. III. 1881 (GS. S. 234).

ProvWahlG. (Pr.) = Wahlgesetz über die Provinziallandtage und Kreistage v. 7. X. 1925 (GS. S. 123).

ProzBev. = Prozeßbevollmächtigter.

ProzGer., ProzG. = Prozeßgericht.

PrTreibVO., PreisTrVO. = Verordnung gegen Preistreiberei in der Fassung v. 6. II. 1924 (RGBl. I, S. 44) (aufgehoben durch Gesetz v. 19. VII. 1926 (RGBl. I, S. 413)).

PrV., PrVerf., PrVU. = Preußische Verfassungsurkunde v. 30. XI. 1920 (GS. S. 543).

PrVBl., PrVerwBl. = Preußisches Verwaltungsblatt.

PrZollZentrBl. = Zentralblatt der Preußischen Verwaltung der Zölle und indirekten Steuern.

PSchO., **PachtschO.** (Pr.) = Pachtschutzordnung v. 18. VIII. 1927 (GS. S. 169).

PStG., **PersStG.** = Gesetz über die Beurkundung des Personenstandes und die Eheschließung v. 6. II. 1875 (RGBl. S. 23), neueste Zusammenstellung der Bestimmungen Erlaß v. 2. IX. 1924 (MBl. S. 406).

PucheltsZ. = Zeitschrift für Deutsches Bürgerliches Recht und französisches Zivilrecht, letzteres, soweit es für Deutschland noch praktisch verwendbar ist, begründet von Puchelt.

PVG., **PolVerwG.** (Pr.) = Gesetz über die Polizeiverwaltung v. 11. III. 1850 (GS. S. 265).

PVG., **PolVerwG.** (Württ.) = Gesetz über die staatliche Polizeiverwaltung v. 24. VIII. 1927 (RGBl. S. 269).

R.

R. = Rat.

RA. = Rechtsanwalt.

RAArbVerm., RAfA. = Reichsamt für Arbeitsvermittlung und Arbeitslosenversicherung.

RABl., RArbBl. = Reichsarbeitsblatt.

RAbgO., RAO., AbgO. = Reichsabgabenordnung v. 13. XII. 1919 (RGBl. S. 1993).

RAfA., **RAArbVerm.** = Reichsamt für Arbeitsvermittlung und Arbeitslosenversicherung.

RAGebO., GebORA. = Gebührenordnung für Rechtsanwälte v. 20. V. 1898 (RGBl. I, S. 692).
RAGebRWiG. = Anordnung über die Vergütung für die Berufstätigkeit des Rechtsanwalts in dem Verfahren vor dem Reichswirtschaftsgericht v. 6. X. 1920 (RGBl. S. 1716) in der Fassung des § 66 der Entschädigungsordnung v. 30. VII. 1921 (RGBl. S. 1046) und der Verordnung v. 28. II. 1924 (RGBl. I, S. 378).
RAJ. = Reichsamt des Inneren.
RAnz., DRAnz. = Deutscher Reichsanzeiger und Preußischer Staatsanzeiger.
RAO., **RAbgO.** = Reichsabgabenordnung v. 13. XII. 1919 (RGBl. S. 1993).
RAO., RAnwO. = Rechtsanwaltsordnung v. 1. VII. 1878 (RGBl. S. 177) mit zahlreichen Aenderungen, zuletzt v. 7. III. 1927 (RGBl. I, S. 71), 29. VI. 1927 (RGBl. I, S. 133).
RAPV., **RAufsAPrivVers.** = Reichsaufsichtsamt für Privatversicherung.
RArbBl., RABl. = Reichsarbeitsblatt, Amtsblatt des Reichsarbeitsministeriums und der Reichsarbeitsverwaltung.
RArbG. = Reichsarbeitsgericht (mit Band und Seitenzahl dessen Entscheidungen, herausgegeben von den Mitgliedern des Gerichtshofs).
RArbM., RArbMin. = Reichsarbeitsminister, Reichsarbeitsministerium.
RArbVerw., RAV. = Reichsarbeitsverwaltung.
RAufsAPrivVers., APV., **AufsAPrivVers.** = Reichsaufsichtsamt für Privatversicherung und dessen Veröffentlichungen.
RAusglA. = Reichsausgleichsamt.
RAusglG. = Reichsausgleichsgesetz in der Fassung v. 20. XI. 1923 (RGBl. I, S. 1135).
RAusk. = Die gemeinnützige Rechtsauskunft, Zeitschrift.
RAusschKrFürs. = Reichsausschuß der Kriegsbeschädigten und Kriegshinterbliebenenfürsorge.
RAusschKrSch. = Reichsausschuß zur Feststellung von Kriegsschäden.
RAV., **RArbVerw.** = Reichsarbeitsverwaltung.
RayG. = Gesetz betr. die Beschränkung des Grundeigentums in der Umgebung von Festungen v. 21. XII. 1871 (RGBl. S. 459).
RB., **RBeschw.** = Rechtsbeschwerde.
RBahnA. = Reichsbahnamt.
RBahnDir. = Reichsbahndirektion.
RBahnG. = Gesetz über Deutsche Reichsbahn-Gesellschaft v. 30. VIII. 1924 (RGBl. II, S. 272).
RBahnHypG. = Gesetz über hypothekarische Belastung von Reichsbahngrundstücken v. 19. III. 1924 (RGBl. I, S. 285).
RBahnPersG. = Gesetz über die Personalverhältnisse bei der Deutschen Reichsbahn-Gesellschaft v. 30. VIII. 1924 (RGBl. II, S. 287).
RBahnSatz. = Satzung der deutschen Reichsbahngesellschaft.
RBahnZentrA. = Reichsbahn-Zentralamt.
RBankDir. = Reichsbankdirektor, Reichsbankdirektorium.
RBAnstVO. = Verordnung betr. Anstellung und Zuruhesetzung der Reichsbeamten v. 27. XII. 1918 (RGBl. 1919, S. 18).

RBesBl. = Reichsbesoldungsblatt.
RBesG. = Reichsbesoldungsgesetz v. 6. XII. 1927 (RGBl. I, S. 349).
RBeschw. = Rechtsbeschwerde.
RBewertG., RBewG. = Reichsbewertungsgesetz v. 10. VIII. 1925 (RGBl. I, S. 214).
RBG. = Reichsbeamtengesetz in der Fassung v. 18. V. 1907 (RGBl. S. 245).
RDH., RDiszH. = Reichsdisziplinarhof.
RDK., RDiszK. = Reichsdisziplinarkammer.
RdK., RKraftf. = Das Recht des Kraftfahrers; Mitteilungen aus dem gesamten Gebiet des Kraftfahrzeugrechts.
Rdsch., Rundsch. = Rundschau.
RE., Rechtsentsch. = Rechtsentscheid.
REA., REisenbA. = Reichs-Eisenbahn-Amt.
RechnH., RH. = Rechnungshof.
Recht = Das Recht, Rundschau für den Deutschen Juristenstand.
Rechtsentsch., RE. = Rechtsentscheid.
RechtshVertr. = Rechtshilfevertrag.
Rechtspr., Rspr. = Rechtsprechung, mit Band und Seitenzahl Rechtsprechung des Reichsgerichts in Strafsachen oder der Oberlandesgerichte in Zivilsachen.
Ref., Rfdr. = Referendar.
Reg. = Regierung.
RegAss. = Regierungsassessor.
RegBl., RgBl. (Württ.) = Württembergisches Regierungsblatt.
RegerEntsch. = Entscheidungen der Gerichte und Verwaltungsbehörden, hrsg. von Reger.
RegDir. = Regierungsdirektor.
RegKdF. (Bay.) = Regierungskammer der Finanzen (Bayerische).
RegKdI. (Bay.) = Regierungskammer des Innern (Bayerische).
Regl., Rgl. = Reglement, Regulativ.
RegPräs. = Regierungspräsident.
RegR. = Regierungsrat.
REisenbA., REA. = Reichseisenbahn-Amt.
RelKindErzG. = Gesetz über die religiöse Kindererziehung v. 15. VII. 1921 (RGBl. S. 939).
RelStG. (Bay.) = Religionsgesellschaftliches Steuergesetz in der Fassung v. 1. VIII. 1923 (GVBl. S. 351).
RennwG., LottG. = Rennwett- und Lotteriegesetz v. 8. IV. 1922 (RGBl. I, S. 393), Änderung v. 19. XII. 1923 (RGBl. S. 1224).
RentgG. (Pr.) = Gesetz über Rentengüter v. 27. VI. 1890 (GS. S. 209).
REntlG. = Reichsentlastungsgesetz v. 4. VI. 1923 (RGBl. I, S. 305).
RentBVO. = Verordnung über die Errichtung der Deutschen Rentenbank v. 15. X. 1923 (RGBl. I, S. 963).
REntschA., REA. = Reichsentschädigungsamt.
Repko. = Reparationskommission.
RepSchG. = Gesetz zum Schutze der Republik v. 21. VII. 1922 (RGBl. S. 585) v. 31. III. 1926 (RGBl. I, S. 190).
RErnM., REM. = Reichsernährungsminister, Reichsernährungsministerium.
Rev. = Revision.

RevBegr. = Revisionsbegründung.

RevBeschrG., RGEntlG. = Gesetz zur Entlastung des Reichsgerichts v. 17. XII. 1926 (RGBl. I, S. 505), v. 28. III. 1928 (RGBl. I, S. 120).

RevG., RevGer. = Revisionsgericht.

RevInst. = Revisionsinstanz.

RevR. = Revisionsrichter.

RFABl., RFBl., RFinBl. = Amtsblatt der Reichsfinanzverwaltung.

Rfdr., **Ref.** = Referendar.

RFH., **RFinH.** = Reichsfinanzhof, Sammlung der Entscheidungen des Reichsfinanzhofes.

RFHG., RFinHG. = Gesetz über die Errichtung eines Reichsfinanzhofes und über die Reichsaufsicht für Zölle und Steuern v. 26. VII. 1918 (RGBl. S. 959).

RFinBl., **RFBl.**, RFABl. = Amtsblatt der Reichsfinanzverwaltung.

RFinH., RFH. = Reichsfinanzhof, Sammlung der Entscheidungen des Reichsfinanzhofes.

RFinHO. = Reichsfinanzhofordnung v. 29. V. 1920 (RGBl. S. 861).

RFM., RFinM. = Reichsfinanzminister, Reichsfinanzministerium.

RG. = Reichsgericht (mit Band und Seitenzahl seine Entscheidungen).

RGRAnz. = Entscheidungen des Reichsgerichts. Besondere Beilage zum Deutschen Reichs- und Preußischen Staatsanzeiger.

RGA., **RGesA.** = Reichsgesundheitsamt.

RGAV., **RGesAV.** = Veröffentlichungen des Reichsgesundheitsamts.

RgBl., RegBl. = Regierungsblatt.

RGBl. = Reichsgesetzblatt.

RGEntlG., RevBeschrG. = Gesetz zur Entlastung des Reichsgerichts v. 17. XII. 1926 (RGBl. I, S. 503), verlängert durch Gesetz v. 28. III. 1928 (RGBl. I, S. 120).

RGes. = Reichsgesetz.

RGesA., RGA. = Reichsgesundheitsamt.

RGesAV., RGAV. = Veröffentlichungen des Reichsgesundheitsamtes.

Rgl., Regl. = Reglement, Regulativ.

RGPräs., RGPr. = Reichsgerichtspräsident.

RGebAbtrSchädG., = Gesetz über den Ersatz der durch die Abtretung deutscher Reichsgebiete entstandenen Schäden v. 28. VII. 1924.

RGR. = Reichsgerichtsrat.

RGSt. = Reichsgerichtsentscheidungen in Strafsachen.

RGWarn., WarnRG. = Die Rechtsprechung des Reichsgerichts auf dem Gebiete des Zivilrechts, soweit sie nicht in der amtlichen Sammlung der Entscheidungen des Reichsgerichts abgedruckt ist, herausgegeben v. Warneyer.

RGZ. = Reichsgerichtsentscheidungen in Zivilsachen.

RH., **RechnH.** = Rechnungshof des Deutschen Reichs.

RHaushO., RHO. = Reichshaushaltsordnung v. 31. XII. 1922 (RGBl. 1923, II, S. 17).

RHeimstG. = Reichsheimstättengesetz v. 10. V. 1920 (RGBl. S. 962).

RheinArch. = Rheinischs Archiv für das Zivil- und Kriminalrecht.

RheinARV. = Zeitschrift des rheinpreußischen Amtsrichtervereins.

RheinNotZ. = Rheinische Zeitschrift für Notare.

RheinSchA. (Pr.) = Revidierte Rheinschiffahrtsakte (Mannheimer Abkommen) v. 17. X. 1868 (GS. 1869 S. 798).

RheinZ. = Rheinische Zeitschrift für Zivil- und Strafprozeßrecht.

RHO., RHaushO. = Reichshaushaltsordnung v. 31. XII. 1922 (RGBl. 1923, I, S. 17).

RingAufwRspr., **AufwRspr.**, RsprAufw. = Rechtsprechung in Aufwertungssachen, hrsg. von Ring und Harmening.

RJA. = Reichsjustizamt.

RJAEntschFG., EntschFGRJA. = Entscheidungen in Angelegenheiten der freiwilligen Gerichtsbarkeit und des Grundbuchrechts, zusammengestellt im Reichsjustizamte (fortgesetzt in JFGG. s. dort).

RJM., RJMin., RMJ. = Reichsjustizminister, Reichsjustizministerium.

RJugWohlfG., RJWG. = Reichsgesetz für Jugendwohlfahrt v. 9. VII. 1922 (RGBl. I, S 633).

RK. = Reichskanzler.

RKA., **RKolA.** = Reichskolonieamt.

RKnappschG. = Reichsknappschaftsgesetz in der Fassung v. 1. VII. 1926 (RGBl. I, S. 369), v. 8. IV. 1927 (RGBl. I, S. 95).

RKontrG., G. = Reichskontrollgesetz v. 21. III. 1910 (RGBl. I, S. 521), v. 4. IV. 1915 (RGBl. S. 215), v. 22. III. 1923 (RGBl. II, S. 181).

RKraftf., RdK. = Das Recht des Kraftfahrers, Mitteilungen aus dem gesamten Gebiet des Kraftfahrzeugrechts.

RKrimPolG. = Reichskriminalpolizeigesetz v. 21. VII. 1922 (RGBl. I, S. 593).

RM. = Reichsminister, Reichsministerium.

RMA., **RMarA.** = Reichsmarineamt.

RMBl., RMinBl. = Reichsministerialblatt.

RMG., **RMilG.** = Reichsmilitärgericht und seine Entscheidungen.

RMJ., RJM. = Reichsjustizminister, Reichsjustizministerium.

RMietG., RMG. = Reichsmietengesetz v. 24. III. 1922 (RGBl. I, S. 273), v. 29. VI. 1926 (RGBl. I, S. 317), v. 10. VII. 1926 (RGBl. I, S. 403) und vom 14. II. 1928 (RGBl. I, S. 21).

RMinBl., RMBl. = Reichsministerialblatt.

RMinGeschO. = Gemeinsame Geschäftsordnung der Reichsministerien, Bekanntmachung v. 21. XI. 1926 (RMBl. S. 997).

ROHG. = Reichs-Oberhandelsgericht und seine Entscheidungen.

RPA., RPatA. = Reichspatentamt.

RPA., **RPoA.** = Reichspostamt.

RPABl., **RPoABl.** = Amtsblatt des Reichspostministeriums.

RPM., **RPoM.** = Reichspostminister, Reichspostministerium.

RPoA., RPA. = Reichspostamt.

RPoABl., RPABl. = Reichspostamtsblatt.

RPoFinG. = Reichspostfinanzgesetz vom 18. III. 1924 (RGBl. I, S. 287), 15. VII. 1926 (RGBl. I, S. 410).

RPoM., RPM. = Reichspostminister, Reichspostministerium.

RPr., RPräs. = Reichspräsident.

RPrWahlG. = Gesetz über die Wahl des Reichspräsidenten v. 6. III. 1924 (RGBl. I, S. 168), v. 13. III. 1925 (RGBl. I, S. 19).

RR., **RRat.** = Reichsrat.
RRatGeschO. = Geschäftsordnung für den Reichsrat v. 14. XII. 1921 (ZBl. S. 976).
RReg. = Reichsregierung.
RRegGeschO. = Geschäftsordnung der Reichsregierung v. 3. V. 1924 (RMBl. S. 173), v. 14. IV. 1926 (RMBl. S. 119).
RSchA., **RSchatzA.** = Reichsschatzamt.
RSchA., **RSchiedsA.** = Reichsschiedsamt.
RSchatzA., RSchA. = Reichsschatzamt.
RSchatzM. = Reichsschatzminister, Reichsschatzministerium.
RSchG., **RSchiedsGer.** = Reichsschiedsgericht.
RSchiedsA., RSchA. = Reichsschiedsamt.
RSchiedsGer., RSchGer. = Reichsschiedsgericht.
RSchuldKomm. = Reichsschuldenkommission.
RSchuldbG. = Reichsschuldbuchgesetz in der Fassung vom 31. V. 1910 (RGBl. S. 840).
Rspr., Rechtspr. = Rechtsprechung; mit Band und Seitenzahl Rechtsprechung des Reichsgerichts in Strafsachen oder der Oberlandesgerichte in Zivilsachen.
RsprArb., ArbRspr. = Rechtsprechung in Arbeitssachen, Grundsätzliche Entscheidungen des Reichsarbeitsgerichts, der Landarbeitsgerichte und der Arbeitsgerichte.
RsprAufw., **AufwRspr.**, RingAufwRspr. = Rechtsprechung in Aufwertungssachen (Entscheidungssammlung).
RSiedlG. = Reichssiedlungsgesetz v. 11. VIII. 1919 (RGBl. S. 1429), 18. VIII. 1923 (RGBl. I, S. 805), 8. VII. 1926 (RGBl. I, S. 398).
RStaatsAngG. = Reichs- und Staatsangehörigkeitsgesetz v. 22. VII. 1913 (RGBl. S. 583).
RStAusw. = Reichsstelle für Auswanderungswesen.
RStat. = Statistik des Deutschen Reichs.
RStatVJH. = Vierteljahreshefte zur Statistik des Deutschen Reichs.
RStBl. = Reichssteuerblatt.
RStempG. = Reichsstempelgesetz v. 3. VII. 1913 (RGBl. S. 639).
RStimmO. = Reichsstimmordnung, Verordnung über Reichswahlen und Abstimmungen v. 14. III. 1924 (RGBl. I, S. 173), v. 3. XI. 1924 (RGBl. I, S. 726), v. 17. III. 1925 (RGBl. I, S. 21), v. 14. V. 1926 (RGBl. I, S. 224).
RStNachl. = Reichsstelle für Nachlässe und Nachforschungen im Ausland.
RT. = Reichstag.
RTGeschO. = Geschäftsordnung des Reichstags in der Fassung v. 17. II. 1923 (RGBl. II, S. 101).
RuH. = Recht und Handel, Zeitschrift.
RuL. = Recht und Leben, Zeitschrift.
Rundsch., Rdsch. = Rundschau.
RundV. = Rundverfügung.
RuSt. = Recht und Staat in Geschichte und Gegenwart, Zeitschrift.

RuW. = Recht und Wirtschaft, Zeitschrift.
RV., RVerf. = Verfassung des Deutschen Reichs v. 11. VIII. 1919 (RGBl. S. 1383).
RVA., **RVersA.** = Reichsversicherungsamt, Entscheidungen des Reichsversicherungsamtes.
RVAAng., AngRVA. = Reichsversicherungsanstalt für Angestellte.
RVANachr., **RVersANachr.** = Amtliche Nachrichten des Reichsversicherungsamtes.
RVBl., **RVersBl.** = Reichsversorgungsblatt.
RVBl., **RVerkBl.** = Reichsverkehrsblatt.
RVerkM., RVM. = Reichsverkehrsminister, Reichsverkehrsministerium.
RVers. = Reichsversorgung.
RVersA., RVA. = Reichsversicherungsamt, Entscheidungen des Reichsversicherungsamtes.
RVersANachr., RVANachr. = Amtliche Nachrichten des Reichsversicherungsamtes.
RVersorgBl., RVBl. = Reichsversorgungsblatt.
RVersorgGer., RVG. = Reichsversorgungsgericht und seine Entscheidungen.
RVersorgG., RVG. = Reichsversorgungsgesetz in der Fassung v. 22. XII. 1927 (RGBl. I, S. 515).
RVersO., RVO. = Reichsversicherungsordnung v. 19. VII. 1911 (RGBl. S. 509), neue Fassung v. 15. VII. 1924 (RGBl. I, S. 779).
RVG., **RVersorgGes.** = Reichsversorgungsgesetz v. 30. VI. 1923 (RGBl. S. 523).
RVG., RVersGer. = Reichsversorgungsgericht und seine Entscheidungen.
RvglHW., SchlegelbergerHW. = Rechtsvergleichendes Handwörterbuch hrsg. v. Schlegelberger.
RVM., **RVerkM.** = Reichsverkehrsminister, Reichsverkehrsministerium.
RVO., RVersO. = Reichsversicherungsordnung v. 19. VII. 1911 (RGBl. S. 509), neue Fassung v. 15. VII. 1924 (RGBl. I, S. 779).
RWahlG., RWG. = Reichswahlgesetz v. 31. XII. 1923, in der Fassung v. 17. II. 1924 (RGBl. I, S. 159), v. 13. III. 1924 (RGBl. I, S. 173).
RWandA. = Reichswanderungsamt.
RWM., RWehrM. = Reichswehrminister, Reichswehrministerium.
RWFürsBl. = Reichswehrfürsorgeblatt.
RWG., **RWahlGes.** = Reichswahlgesetz v. 31. XII. 1923, in der Fassung v. 17. II 1924 (RGBl. I, S. 159), v. 13. III. 1924 (RGBl. S. 173).
RWG., **RWiG.**, = Reichswirtschaftsgericht, Entscheidungen des Reichswirtschaftsgerichts.
RWGR., RWiGR. = Reichswirtschaftsgerichtsrat.
RWGVO., **RWiGVO.** = Verordnungen über das Reichswirtschaftsgericht v. 21. V. 1920 (RGBl. S. 1167), in der Fassung v. 30. VII. 1921 (RGBl. S. 1046), v. 13. II. 1924 (RGBl. I, S. 155), v. 31. III. 1928 (RGBl. I, S. 135).
RWiG., RWG. = Reichswirtschaftsgericht, Entscheidungen des Reichswirtschaftsgerichts.
RWiGGebVO. = Verordnung über Gebühren vor dem Reichswirtschaftsgericht v. 13. II. 1924 (RGBl. I, S. 155).
RWiG., RWG. = Reichswirtschaftsgericht.
RWiGVO., RWGVO. = Verordnungen über das Reichswirtschaftsgericht, s. unter RWGVO.

RWM., RWiM. = Reichswirtschaftsminister, Reichswirtschaftsministerium.
RWRVO., RWRatVO. = Verordnung über den vorläufigen Reichswirtschaftsrat v. 4. V. 1920 (RGBl. S. 858).
RWR. = Vorläufiger Reichswirtschaftsrat.
RWRMitt. = Mitteilungen des vorläufigen Reichswirtschaftsrats.
RWRVO., RWRatVO. = Verordnung über den vorläufigen Reichswirtschaftsrat v. 4. V. 1920 (RGBl. S. 858).
RZBl., ZBlDR. = Zentralblatt für das Deutsche Reich.
RZollBl. = Reichszollblatt.

S.

S. = Seite.
s. = siehe.
S. = Senat in Zusammensetzung: ZS. = Zivilsenat; StS. = Strafsenat.
Sen., S. = Senat.
SenPr., SenPräs. = Senatspräsident.
SächsArch. = Sächsisches Archiv für Deutsches bürgerliches Recht.
SächsArchRpfl., SächsRpflArch. = Archiv für Rechtspflege in Sachsen, Thüringen und Anhalt.
SächsGefGes. = Jahrbuch der Gefängnisgesellschaft für die Provinz Sachsen und das Herzogtum Anhalt.
SächsNotV. = Mitteilungen des Sächsischen Notarvereins.
SächsOLG. = Annalen des Sächsischen Oberlandesgerichts zu Dresden.
SächsOVG. = Sächsisches Oberverwaltungsgericht, Jahrbuch des Sächsischen Oberverwaltungsgerichts.
SächsRpflArch., SächsArchRpfl. = Archiv für Rechtspflege in Sachsen, Thüringen und Anhalt.
SchAufs. = Schutzaufsicht.
SchaumwStG. = Schaumweinsteuergesetz v. 31. III. 1926 (RGBl. I, S. 188).
ScheckG. = Scheckgesetz v. 11. III. 1908 (RGBl. S. 71), v. 13. IV. 1914 (RGBl. S. 85).
SchenkStG. = Schenkungssteuergesetz, s. Erbschaftssteuergesetz.
SchG., SchiedsG. = Schiedsgericht.
SchGerVerf. = Schiedsgerichtsverfahren.
SchiedsmO. (Pr.) = Schiedsmannsordnung in der Fassung v. 3. XII. 1924 (GS. S. 751).
SchiedsUrt., SchU. = Schiedsurteil.
SchiffBauPfG. = Gesetz über die Bestellung von Pfandrechten an im Bau befindlichen Schiffen v. 4. VII. 1926 (RGBl. I, S. 367).
SchlAussch. = Schlichtungsausschuß.
SchlegelbergerRvglHW., RvglHW. = Rechtsvergleichendes Handwörterbuch, hrsg. von Schlegelberger.
SchlHolstAnz. = Schleswig-Holsteinischer Anzeiger.
SchlichtVO. = Verordnung zur Ausführung über das Schlichtungswesen v. 30. X. 1923 (RGBl. I, S. 1043), v. 10. VIII. 1925 (RGBl. I, S. 254).

SchlichtW. = Das Schlichtungswesen, Mitteilungsblatt der Schlichtungsausschüsse im Deutschen Reich.

SchlichtWVO. = Verordnung über das Schlichtungswesen v. 30. X. 1923 (RGBl. I, S. 1043).

SchmollersJ., SchmollersJhrb. = Jahrbuch für Gesetzgebung, Verwaltung und Volkswirtschaft im Deutschen Reich, hrsg. von Schmoller.

SchmutzSchG. = Gesetz zur Bewahrung der Jugend vor Schmutz- und Schundschriften vom 18. XII. 1926 (RGBl. I, S 505).

SchGer., SchöffG. = Schöffengericht.

SchU., SchiedsUrt. = Schiedsurteil.

SchulpflVO. (Pr.) = Gesetz, betr. Erweiterung der Berufs- und Fortbildungsschulpflicht v. 31. VII. 1923 (GS. S. 367).

SchußwG. = Gesetz über Schußwaffen und Munition vom 12. IV. 1928 (RGBl. I, S. 143).

SchwBeschVO., SchwerbeschVO. = Verordnung über die Beschäftigung Schwerbeschädigter v. 9. I. 1919, neue Fassung v. 12. I. 1923 (RGBl. I, S. 87).

SchwG. = Schwurgericht.

SchwGoldhypG. = Gesetz über das Abkommen zwischen dem Deutschen Reich und der Schweizerischen Eidgenossenschaft betr. Schweizerische Goldhypotheken in Deutschland und gewisse Arten von Frankenforderungen an deutsche Schuldner v. 19. XII. 1920 (RGBl. S. 2023).

SeeA. = Seeamt.

SeemO. = Seemannsordnung v. 2. VI. 1902 (RGBl. S. 175).

SeenotG. = Gesetz über den Zusammenstoß von Schiffen, sowie über die Bergung und Hilfeleistung in Seenot v. 7. I. 1913 (RGBl. S. 90).

SeenotUb. = Übereinkunft zur einheitlichen Feststellung von Regeln über die Hilfeleistung und Bergung in Seenot v. 23. IX. 1910 (RGBl. 1913, S. 49, 66, 84).

SeestrO. = Seestraßenordnung v. 5. II. 1906 (RGBl. S. 120).

SeeunfUG. = Gesetz, betr. die Untersuchung von Seeunfällen v. 27. VII. 1877 (RGBl. S. 549).

SeeunfVG. = Seeunfallversicherungsgesetz v. 11. VII. 1887, 30. VI. 1900, neue Fassung v. 5. VII. 1900 (RGBl. S. 573).

SWO., SeewStrO. = Seewasserstraßenordnung, Polizeiverordnung zur Regelung des Verkehrs auf den deutschen Seewasserstraßen v. 31. III. 1927 (RGBl. II, S. 157).

SeuchenG. = Gesetz betr. die Bekämpfung gemeingefährlicher Krankheiten v. 30. VI. 1900 (RGBl. S. 306).

SeuchVerhütVO. = Verordnung über die Verhütung von Seuchen v. 20. XI. 1918 (RGBl. S. 1317).

SeuffArch. = Seufferts Archiv für Entscheidungen der Oberlandesgerichte in deutschen Staaten.

SeuffBl. = Seufferts Blätter für Rechtsanwendung, zunächst in Bayern.

SofBeschw. = Sofortige Beschwerde.

SonntagsrVO. = Verordnung über die Sonntagsruhe im Handelsgewerbe und in Apotheken v. 5. II. 1919 (RGBl. S. 176).
Soergel Rspr. = Jahrbuch des Zivilrechts, hrsg. v. Soergel (Soergels Rechtsprechung).
SozG. = Sozialisierungsgesetz v. 23. III. 1919 (RGBl. S. 341).
SozK., SozKomm. = Sozialisierungskommission.
SozPr. = Soziale Praxis und Archiv für Volkswohlfahrt.
SüßstG. = Süßstoffgesetz v. 8. IV. 1922 (RGBl. I, S. 390) v. 14. VII. 1926 (RGBl. I, S. 409).
SVG., **SVerwG.** (Bay.) = Gesetz über die Selbstverwaltung v. 22. V. 1919 (GVBl. S. 239).
SparK. = Die Sparkasse, Organ der Deutschen Sparkassen und des Giro-Verbandes.
SpedSchiffZ. = Spedition- und Schiffahrts-Zeitung.
SpielkStG. = Spielkartensteuergesetz v. 9. VII. 1923 (RGBl. I, S. 564), v. 10. VIII. 1925 (RGBl. I, S. 251).
SpionG. = Gesetz gegen den Verrat militärischer Geheimnisse v. 3. VI. 1914 (RGBl. S. 195).
SprengStG. = Gesetz über verbrecherischen und gemeingefährlichen Gebrauch von Sprengstoffen v. 9. VI. 1884 (RGBl. S. 61).
St. = in Zusammensetzungen: Straf... z. B. StGB., StPO. u. a. oder Staat, z. B. StGH.
St. = Steuer.
StA. = Staatsanwalt, Staatsanwaltschaft.
StaatsA., StaatsArch. = Das Staatsarchiv.
StaatsrVO. (Pr.) = Verordnung über den Staatsrat v. 31. XII. 1925 (GS. 1926, S. 7), v. 13. II. 1926 (GS. S. 51).
StaatsuSVerw. = Staats- und Selbstverwaltung, Zeitschrift für Staats- und Kommunalverwaltungen.
StädteO. (Pr.) = Städteordnung für die sechs östlichen Provinzen der Preußischen Monarchie v. 30. V. 1853 (GS. S. 261), für die Rheinprovinz v. 15. V. 1856 (GS. S. 406).
StandesB. = Der Standesbeamte.
StAR. = Staatsanwaltschaftsrat.
StArch. = Steuer-Archiv, Zeitschrift für das gesamte Steuerwesen.
StatKorr. = Statistische Korrespondenz.
StAZ., **StandAZ.**, ZStandA. = Zeitschrift für Standesamtswesen.
StatRA. = Statistisches Reichsamt.
StempStG. (Pr.) = Stempelsteuergesetz in der Fassung v. 27. X. 1924 (GS. S. 627).
StempStG. (Bay.) = Stempelsteuergesetz v. 16. II. 1921 (GVBl. S. 182).
StenBer. = Stenographischer Bericht.
StengleinsZ., StenglZ. = Zeitschrift für Gerichtspraxis und Rechtswissenschaft in Deutschland, hrsg. von Stenglein.
StGes. = Steuergesetz.
StGB. = Strafgesetzbuch v. 15. V. 1871 (RGBl. S. 40), neue Fassung v. 26. II. 1876 (RGBl. S. 40).
StGH. = Staatsgerichtshof.
StGHG. = Staatsgerichtshofsgesetz v. 9. VII. 1921 (RGBl. S. 905).

StIntGerH. = Ständiger Internationaler Gerichtshof (Haag).
StGHG. (Bay.) = Staatsgerichtshofsgesetz v. 11. VI. 1920 (GVBl. S. 823),
StillegVO. = Verordnung betr. Maßnahmen gegenüber Betriebsabbrüchen und Betriebsstillegungen v. 8. XI. 1920 (RGBl. S. 1901) in der Fassung der Verordnung v. 15. XI. 1923 (RGBl. I. S. 983).
StMildG. = Gesetz über Steuermilderungen v. 31. III. 1926 (RGBl. I, S. 185).
StNachsG. = Gesetz über Steuernachsicht v. 3. I. 1920 (RGBl. S. 45, 279).
StNotVO. = 1. Steuernotverordnung v. 7. XII. 1923 (RGBl. I, S. 1177). — 2. Steuernotverordnung v. 19. XII. 1923 (RGBl. I, S. 1205). — 3. Steuernotverordnung v. 14. II. 1924 (RGBl. I, S. 74).
StO. = Steuerordnung.
StPfl. = Steuerpflichtiger.
StPO. = Strafprozeßordnung v. 1. II. 1877 in der Fassung v. 22. III. 1924 (RGBl. I, S. 299, 322).
StrandO. = Strandordnung v. 17. V. 1874 (RGBl. S. 73).
StraßVerkO. (Pr.) = Straßenverkehrsordnung v. 30. V. 1925 (GS. S. 57), v. 6. VIII. 1926 (GS. S. 247/248).
StraßVerkO. (Bad.) = Straßenverkehrsordnung v. 6. VII. 1926.
StrBesch. = Strafbescheid.
StriethArch. = Striethorsts Archiv.
StrK. = Strafkammer.
StromSchiffPVO. = Strom- und Schiffahrtspolizei-Verordnung v. 29. XII. 1922 (RGBl. 1923, II, S. 2), v. 1. IV. 1925 (RGBl. II, S. 137), v. 28. VIII. 1926 (RGBl. 1927, II, S. 8).
StrRegVO. = Strafregisterverordnung v. 21. 6. 1920 (ZBl. S. 909), v. 19. VI. 1926 (RMBl. S. 63).
StrVhdlg. = Streitige Verhandlung.
StTarKomm. = Ständige Tarifkommission.
StÜbLeitGes. = Steuerüberleitungsgesetz v. 29. V. 1925 (RGBl. I, S. 75).
StundO. = Stundungsordnung v. 29. I. 1923 (RGBl. I, S. 75).
StuW., StW. = Steuer und Wirtschaft, Zeitschrift.
StVG., StellvermG. = Stellenvermittlungsgesetz v. 2. IV. 1910 (RGBl. S. 860).
StZinsG. = Steuerzinsgesetz v. 11. VIII. 1923 (RGBl. I, S. 774).

T.

T. = Teil.
TabIntR., MagnusTab. = Tabellen zum Internationalen Recht, hrsg. v. Magnus.
TabStG. = Tabaksteuergesetz v. 8. IV. 1922 (RGBl. I, S. 384, 480).
TarNr. = Tarifnummer.
TarSt. = Tarifstelle.
TarVertr. = Tarifvertrag.
TarVO., TVO. = Verordnung über Tarifverträge, Arbeiter- und Angestelltenausschüsse und Schlichtung von Arbeitsstreitigkeiten v. 23. XII. 1918 (RGBl. S. 1456), in der Fassung vom 1. III. 1928 (RGBl. S. 47).

TBO., **TelBO.** = Telegraphenbauordnung.
TelG. = Gesetz über das Telegraphenwesen des Deutschen Reichs v. 6. IV. 1892 (RGBl. S. 477), 3 XII. 1927 (RGBl. I, S. 331).
TelO. = Telegraphenordnung für das Deutsche Reich v. 16. VI. 1904, v. 30. VI. 1926 (ABl. S. 447), v. 10. XII. 1926 (ABl. S. 569).
TelWG. = Telegraphenwegegesetz v. 18. XII. 1899 (RGBl. S. 705), v. 18. X. 1924 (RGBl. I, S. 715).
Tit. = Titel.
TumSchG. = AufrSchG.

U.

u. a. = und andere.
u. dgl. = und dergleichen.
Üb. = Übereinkommen.
Ufita, ArchUrhR. = Archiv für Urheber-, Film- und Theaterrecht.
UmsStG. = Umsatzsteuergesetz v. 24. XII. 1919 (RGBl. S. 2157) in der Fassung v. 8. V. 1926 (RGBl. I, S. 218).
UnedelMetG. = Gesetz über den Verkehr mit unedlen Metallen v. 23. VII. 1926 (RGBl. I, S. 415), geändert durch Gesetz v. 31. III. 1928 (RGBl. I, S. 149).
UnfVersAbG., UVAG. = Gesetz betr. Abänderung der Unfallversicherungsgesetze v. 12. V. 1925 (RGBl. I, S. 69).
UnlW., UW. = Unlauterer Wettbewerb.
UWG., **UnlWG.** = Gesetz gegen den unlauteren Wettbewerb v. 7. VI. 1909 (RGBl. S. 499).
UntersuchEntschG. = Gesetz, betr. Entschädigung für unschuldig erlittene Untersuchungshaft v. 14. VII. 1904 (RGBl. S. 321).
UnterwVO. = Verordnung über die Unterwerfung im Strafverfahren v. 1. XI. 1921 (RStBl. S. 385).
Urk. = Urkunde.
UrkB. = Urkundsbeamter.
Urt. = Urteil.
UVAbG., **UnfVersAbG.** = Gesetz betr. Abänderung der Unfallversicherungsgesetze v. 12. V. 1925 (RGBl. I, S. 69).
UW., UnlW. = Unlauterer Wettbewerb.
UWG., **UnlWG.** = Gesetz gegen den unlauteren Wettbewerb. v. 7. VI. 1909 (RGBl. S. 499).
UWG. = Gesetz über den Unterstützungswohnsitz v. 30. V. 1908 (RGBl. S. 381).

V.

V., Ver. = Verein.
V., Verf., Vfg. = Verfügung.
V., **Vers.** = Versicherung.
VA., **VersA.** = Versicherungsamt, Anhang zu den Veröffentlichungen des Aufsichtsamts.

VA., **VersAnst.** = Versicherungsanstalt.

VA., **VersorgA.** = Versorgungsamt.

VAufsKVers. = Veröffentlichungen der Aufsichtskammer für Privatversicherungen.

Vbd. = Verband.

VBl. = Verordnungsblatt.

VdPatAnw. = Verband Deutscher Patentanwälte, Mitteilungen des Verbandes Deutscher Patentanwälte.

VE. = Vorentwurf zu einem deutschen Strafgesetzbuch (1909).

Ver., V. = Verein.

Verf. = Verfahren, Verfasser, Verfassung.

Verf., V., Vfg. = Verfügung.

VerfOVersAVO.
VerfRVersAVO.
VerfVersAVO. } = Verordnung über Geschäftsgang und Verfahren der Versicherungsämter (der Oberversicherungsämter, des Reichsversicherungsamts) v. 24. XII. 1911 (RGBl. 1083, 1095, 1107).

VerG. = Vereinsgesetz v. 19. IV. 1908 (RGBl. S. 151).

Vergl., Vgl. = Vergleich.

VerglO. = Vergleichsordnung v. 5. VII. 1927 (RGBl. I, S. 139).

VergnStO. = Vergnügungssteuerordnung v. 12. VI. 1926 (RGBl. I, S. 262).

VergnStO. (Pr.) = Vergnügungssteuerordnung v. 13. V. 1921 (MBliV. S. 277), v. 10. V. 1922 (MBliV. S. 492), v. 19. IX. 1927 (MBliV. S. 946).

Verh., Vhdlg. = Verhandlung.

VerhG. = Verhältnisgesetz (Hamburg).

Verk. = Verkehr.

Verkl. = Verklagter.

VerkRRdsch. = Verkehrsrechtliche Rundschau.

VerlG. = Gesetz über das Verlagsrecht v. 19. VI. 1901 (RGBl. 1, S. 217).

VermStG. = Vermögenssteuergesetz v. 8. IV. 1922 (RGBl. I, S. 335), v. 10. VIII. 1925 (RGBl. I, S. 233).

VermStrVO. = Verordnung über Vermögensstrafen und Bußen v. 6. II. 1924 (RGBl. I, S. 44).

VermZuwStG. = Vermögenszuwachssteuergesetz v. 8. IV 1922 (RGBl. I, S. 400).

Verp. = Der Verpächter, Zeitschrift für Land und Recht.

Vers., V. = Versicherung.

VersA., VA. = Versicherungsamt.

VersAnst., VA. = Versicherungsanstalt.

VersAufsG., VersUntG., VUG. = Gesetz über die privaten Versicherungsunternehmungen v. 12. V. 1901 (RGBl. S. 139) (Versicherungsaufsichtsgesetz), geändert durch Gesetz v. 20. XII. 1911 (RGBl. S. 985), v. 24. X. 1912 (RGBl. S. 973), v. 30. XII. 1921 (RGBl. 1922, I, S. 42), v. 19. VII. 1923 (RGBl. I, S. 684), v. 15. VII. 1926 (RGBl. I, S. 411).

VersFreund = Versicherungsfreund und volkswirtschaftliche Post, Zeitschrift.

VersGes. = Versicherungsgesellschaft.

VersorgA., VA. = Versorgungsamt.

VersorgVerfG. = Gesetz über das Verfahren in Versorgungssachen v. 10. I. 1922 (RGBl. I, S. 59).

VersStG., = Versicherungssteuergesetz v. 8. IV. 1922 (RGBl. I, S. 400).
VersU., VersUrt. = Versäumnisurteil.
VersUntG., **VersAufsG.**, VUG. = Gesetz über die privaten Versicherungsunternehmungen v. 12. V. 1901 (RGBl. S. 139) usw., s. VersAufsG. = Versicherung und Geldwirtschaft, Zeitschrift (früher Mitteilungen für die öffentlichen Feuerversicherungsanstalten). Beihefte: Wirtschaft und Recht der Versicherung (seit 25. V. 1925). Praxis = Praxis des Versicherungsrechts.
VersVG., VVG. = Gesetz über den Versicherungsvertrag v. 30. V. 1908 (RGBl. S. 263).
VersWiuR. = Wirtschaft und Recht der Versicherung, Zeitschrift.
Vertr. = Vertrag; Vertreter.
Verurt. = Verurteilter.
Verw. = Verwaltung.
VerwAnord. = Verwaltungsanordnung.
VerwArch. = Verwaltungsarchiv.
VerwB. = Verwaltungsbeamter.
VerwBeh. = Verwaltungsbehörde.
VerwGerG. (Pr.), VGG. = Gesetz, betr. die Verfassung der Verwaltungsgerichte und Verwaltungsbehörden v. 3. VII. 1875 (GS. S. 375), 2. VIII. 1880 (GS. S. 315).
VerwGerG., VGG. (Bay.) = Verwaltungsgerichtsgesetz v. 8. VIII. 1878 (GVBl. S. 369).
VGH. = Verwaltungsgerichtshof.
VerwGebO. (Pr.) = Verwaltungsgebührenordnung v. 30. XII. 1926 (GS. S. 327).
VerwG. (Bad.) = Gesetz die Organisation der inneren Verwaltung betreffend (Verwaltungsgesetz) v. 5. X. 1863 (GVBl. S. 29).
VerwRPflG. (Bad.) = Gesetz, betr. die Verwaltungsrechtspflege v. 14. VI. 1884.
VerwRPflG. (Württ.) = Gesetz über die Verwaltungsrechtspfiege v. 16. XII. 1876 RegBl. S. 485) mit VO. v. 24. III. 1925 (RegBl. 45).
VerwSt. = Verwahrungssteuer.
VerwStrVerf. = Verwaltungsstreitverfahren.
VerwZwVerf. = Verwaltungszwangsverfahren.
VerwZwVO. (Pr.) = Verordnung, betr. das Verwaltungszwangsverfahren über Beitreibung von Geldbeträgen v. 15. XI. 1899 (GS S. 545), v. 12. IV. 1924 (GS. S. 209), v. 28. XI. 1924 (GS. S. 741), v. 31. X. 1925 (GS. S. 153), v. 16. III. 1926 (GS. S. 103).
Vfg., V., Verf. = Verfügung.
vgl. = vergleiche.
Vgl., Vergl. = Vergleich.
VglBlRW., BlVglRW. = Blätter für vergleichende Rechtswissenschaft und Volkswirtschaftslehre.
Vhdlg., Verh. = Verhandlung.
ViehmängelVO. = Verordnung, betr. die Hauptmängel und Gewährfristen beim Viehhandel v. 27. III. 1899 (RGBl. S. 219).
ViehSeuchG. = Viehseuchengesetz v. 26. VI. 1909 (RGBl. S. 519).
VJSchr. = Vierteljahrsschrift.

VJSchGerMed. = Vierteljahrszeitschrift für gerichtliche Medizin und öffentliches Sanitätswesen.
VMBl. = Ministerialblatt des Volkswohlfahrtsministeriums.
VO. = Verordnung.
VolksbegG. (Pr.) = Gesetz über das Verfahren bei Volksbegehren und Volksentscheiden v. 8. I. 1926 (GS. S. 21).
VolksentschG. = Gesetz über den Volksentscheid v. 27. VI. 1921 (RGBl. S. 790).
VolksSchG. (Pr.) = Gesetz, betr. Unterhaltung der öffentlichen Volksschulen v. 28. VII. 1906 (GS. S. 335).
VolksSchLG. (Bay.) = Volksschullehrergesetz v. 14. VIII. 1919 (GVBl. S. 437).
VolksSchG. (Württ.) = Volksschulgesetz v. 17. VIII. 1909 (RGBl. S. 178).
VolksWZ. = Zeitschrift für Volkswohlfahrt.
Vollm. = Vollmacht.
Vollstr. = Vollstreckung.
VollstrBef. = Vollstreckungsbefehl.
VollstrGer. = Vollstreckungsgericht.
VollstrGKl. = Vollstreckungsgegenklage.
VollstrKl. = Vollstreckungsklausel.
VollstrbUrk. = Vollstreckbare Urkunde.
VorE. = Vorentwurf.
VorEntsch. = Vorentscheid.
vorl. = vorliegend.
vorlfg. = vorläufig.
VormGer., G. = Vormundschaftsgericht.
Vors. = Vorsitzender.
Vorschr. = Vorschrift.
VUG., **VersUntG.**, **VersAufsG.** = Gesetz über die privaten Versicherungsunternehmungen v. 12. V. 1901 (RGBl. S. 139) usw., s. VersAufsG.
VV., FV., FrV. = Friedensvertrag von Versailles v. 28. VI. 1919 (RGBl. S. 687)
VersorgVerfG. = Gesetz über das Verfahren in Versorgungssachen v. 10. I. 1922 (RGBl. I, S. 59).
VVG., VersVG. = Gesetz über den Versicherungsvertrag v. 30. V. 1908 (RGBl. S. 263).
VZG., **VZollG.** = Vereinszollgesetz v. 1. VII. 1869 (BGBl. S. 317).
VZPraktArbVers. = Volkstümliche Zeitschrift für praktische Arbeiterversicherung.

W.

W. = Wochenblatt, Wochenschrift.
WA., **WohnA.** = Wohnungsamt.
WahlG. (Bad.) = Gesetz, betr. das Landtagswahlrecht und die Volksabstimmung v. 29. VII. 1920.
WahlG. (Pr.) = Landeswahlgesetz v. 28. X. 1924 (GS. S. 671).
WahlO. (Pr.) = Landeswahlordnung v. 19. X. 1924 (GS. S. 684).
WahlOBetrRG., BetrRGWahlO. = Wahlordnung zum Betriebsrätegesetz v. 5. II. 1920 (RGBl. S. 175).
WahlPrüfG. (Pr.) = Gesetz über die Prüfung der Wahlen zum Landtag und das

Wahlprüfungsgericht v. 3. II. 1922 (GS. S. 30), 27. X. 1924 (GS. S. 670).

WahlPrüfO. = Wahlprüfungsordnung v. 8. X. 1920 (RGBl. S. 1773).

WallmannZ. = Wallmanns Versicherungszeitschrift.

WarenstatG. = Gesetz, betr. die Statistik des Warenverkehrs mit dem Ausland v. 7. II. 1906 (RGBl. S. 109), v. 27. III. 1928 (RGBl. I, S. 111).

WarenZG., WZG., WbzG. = Gesetz zum Schutze der Warenbezeichnungen v. 30. VI. 1894, neue Fassung v. 7. XII. 1923 (RGBl. II, S. 445).

WarnRG., RGWarn. = Die Rechtsprechung des Reichsgerichts auf dem Gebiete des Zivilrechts, soweit sie nicht in der amtlichen Sammlung der Entscheidungen des Reichsgerichts abgedruckt ist, herausgegeben von Warneyer.

WashÜbArblos., IntArblosÜb. = Washingtoner Übereinkommen über die Arbeitslosigkeit v. 28. XI. 1919 (RGBl. 1925 II, S. 162).

WassG. (Bad.) = Wassergesetz in der Fassung vom 8. VII. 1913 (GesVOBl. S. 233).

WassG. (Bay.) = Wassergesetz v. 23. III. 1907 (GVBl. S. 157).

WassG. (Pr.) = Wassergesetz vom 7. IV. 1913 (GS. S. 53).

WassG. (Württ.) = Wassergesetz v. 1. XII. 1900 (RegBl. S. 921).

WbzG., WarenZG., WZG. = Gesetz zum Schutze der Warenbezeichnungen v. 30. VI. 1894, neue Fassung v. 7. XII. 1923 (RGBl. II, S. 445).

WeberGVS. (Bay.) = Webers Gesetz- und Verordnungssammlung.

WechsStG. = Wechselsteuergesetz v. 10. VIII. 1923 (RGBl. I, S. 778), v. 3. I. 1924 (RGBl. I, S. 22), v. 10. VIII. 1925 (RGBl. I, S. 242).

WehrG. = Wehrgesetz v. 23. III. 1921 (RGBl. S. 329), 18. VI. 1921 (RGBl. S. 787).

WeinG. = Weingesetz v. 7. IV. 1909 (RGBl. S. 393).

Weltr. = Weltrecht, Zeitschrift für das Recht des Weltverkehrs und der Friedensverträge.

WertpSt. = Wertpapiersteuer.

WertpZulBek. = Bekanntmachung, betr. die Zulassung von Wertpapieren zum Börsenhandel v. 4. VII. 1910 (RGBl. S. 1917), v. 30. XI. 1917 (RGBl. S. 1089), v. 5. XI. 1924 (RGBl. I, S. 735).

Widerspr. = Widerspruch.

WO. = Wechselordnung in der Fassung v. 3. VI. 1908 (RGBl. S. 326).

WohlfA. = Wohlfahrtsamt.

WohnA., WA. = Wohnungsamt.

WohnG. (Pr.) = Preußisches Wohnungsgesetz v. 28. III. 1918 (GS. S. 23).

WohnmangG. = Wohnungsmangelgesetz v. 26. VII. 1923 (RGBl. I, S. 751/754), v. 24. XII. 1923 (RGBl. I, S. 1247).

Wohnverb. = Wohnungsverband.

WPostVertr. = Weltpostvertrag.

Württ. = Württemberg, Württembergisch.

WürttArch. = Württembergisches Archiv für Recht und Rechtsverwaltung.

WürttGerBl. = Württembergisches Gerichtsblatt.

WürttNotV. = Mitteilungen aus der Praxis, hrsg. vom Württembergischen Notariatsverein.

WürttRpflZ., WürttZ. = Württembergische Zeitschrift für Rechtspflege und Verwaltung.

WürttVU., WürttVerf. = Württembergische Verfassungsurkunde v. 20. V. 1919 (RGBl. S. 85).

WürttZtschr. = Zeitschrift für freiwillige Gerichtsbarkeit und Gemeindeverwaltung in Württemberg.

WürttZ., WürttRpflZ. = Württembergische Zeitschrift für Rechtspflege und Verwaltung.

WZG., WarenzG., **WbzG.** = Gesetz zum Schutze der Warenbezeichnungen v. 12. VI. 1894, neue Fassung v. 7. XII. 1923 (RGBl. II, S. 445).

WZuwStG., ZuwStG., = Wertzuwachssteuergesetz v. 14. II. 1911 (RGBl. S. 33).

Z.

Z. = Zeitung.

Z., Ztschr. = Zeitschrift.

ZAG., **ZentrAusgSt.** = Zentralausgabestelle (beim Reichsministerium des Innern).

ZAgrR. = Zeitschrift für Agrar- und Wasserrecht.

ZAktW. = Zeitschrift für das gesamte Aktienwesen.

ZAuslR., ZAuslIntPrR., AuslRZ. = Zeitschrift für ausländisches und internationales Privatrecht.

zB. = zum Beispiel.

ZBayStatB., ZBayStatLA. = Zeitschrift des Bayerischen Statistischen Bureaus, jetzt Bayerischen Statistischen Landesamts.

ZBergR. = Zeitschrift für Bergrecht.

ZBl. = Zentralblatt.

ZBlDR. = Zentralblatt für das Deutsche Reich.

ZBlFG. = Zentralblatt für freiwillige Gerichtsbarkeit und Notariate, sowie Zwangsversteigerung.

ZBlJugR., JZBl., **JugZentrBl.** = Zentralblatt für Jugendrecht und Jugendwohlfahrt.

ZBlU., ZBlUntVerw. (Pr.) = Zentralblatt für die gesamte Unterrichtsverwaltung in Preußen.

ZBlVorm. = Zentralblatt für Vormundschaftswesen, Jugendgerichte und Fürsorgeerziehung.

ZeugGebO., GebOZeug. = Gebührenordnung für Zeugen und Sachverständige in der Fassung v. 21. XII. 1925 (RGBl. I, S. 471).

ZFA., ZFinA. = Zentralfinanzamt.

ZG., **ZustG.** (Pr.) = Gesetz über die Zuständigkeit der Verwaltungs- und Verwaltungsgerichtsbehörden vom 1. VIII. 1883 (GS. S. 237).

ZGerSchrift = Zeitschrift für gerichtliche Schriftuntersuchung.

ZGesWes. = Zeitschrift für Gesellschaftswesen (Gesellschaftsarchiv), jetzt vereinigt mit dem HRZBl.

ZHdlWiss. = Zeitschrift für Handelswissenschaft und Praxis.

ZHeimW. = Zeitschrift für Heimatwesen.

ZeitgSt. = Zeitgemäße Steuerfragen.

ZIndR. = Zeitschrift für das Industrierecht.

ZivSen., ZS. = Zivilsenat.

ZJagdr. = Zeitschrift für Jagdrecht, Jagdschutz und Jagdwirtschaft.

ZJustSekr. = Zeitschrift für Deutsche Justizsekretäre.
ZK., CK. = Zivilkammer.
ZKirchR. = Deutsche Zeitschrift für Kirchenrecht.
ZLR., **ZLuftR.** = Zeitschrift für Luftrecht.
ZMietWohnR. = Zeitschrift für Miets-, Wohnungs- und Grundstücksrecht.
ZollGebO. = Zollgebührenordnung v. 28. VI. 1905 (RZBl. S. 170).
ZollTarG., ZollTG. = Zolltarifgesetz v. 25. XII. 1902 (RGBl. S. 303).
Zollw. = Die Zollwarte, Zeitschrift.
ZPO., CPO. = Zivilprozeßordnung v. 30. I. 1877, neue Fassung v. 13. V. 1924 (RGBl. I, S. 135/437).
ZPol., ZPolitik. = Zeitschrift für Politik.
ZPrStatB. (Pr.), ZPrStatLA. = Zeitschrift des Preußischen Statistischen Bureaus, jetzt Preußischen Statistischen Landesamts.
ZRG., **ZRechtsgesch.** = Zeitschrift für Rechtsgeschichte (der Savigny-Stiftung).
ZRG(G.) = Germanistische Abteilung } der Zeitschrift für Rechtsgeschichte.
ZRG(R.) = Romanistische Abteilung } der Zeitschrift für Rechtsgeschichte.
ZS., **ZivSen.** = Zivilsenat.
ZSächsStatB., ZSächsStatLA. = Zeitschrift des Sächsischen Statistischen Bureaus, jetzt Sächsischen Statistischen Landesamts.
ZSelbstv., **ZSVerw.** = Zeitschrift für Selbstverwaltung.
ZStaatsW. = Zeitschrift für die gesamte Staatswissenschaft.
ZStandA., StAZ., **StandAZ.** = Zeitschrift für Standesamtswesen.
ZStW. = Zeitschrift für die gesamte Strafrechtswissenschaft.
Ztschr., Z. = Zeitschrift, Zeitung.
ZuckStG. = Zuckersteuergesetz v. 9. VII. 1923 (RGBl. I, S. 575).
ZündwStG. = Zündwarensteuergesetz v. 9. VII. 1923 (RGBl. I, S. 570).
ZündhG. = Gesetz über die Erlaubnispflicht für die Herstellung von Zündhölzern v. 28. V. 1927 (RGBl. I, S. 123).
ZusAbkSchwGoldhyp. = Gesetz über das Zusatzabkommen zum Abkommen zwischen dem Deutschen Reich und der Schweizerischen Eidgenossenschaft, betr. Schweizerische Goldhypotheken in Deutschland und gewisse Arten von Frankenforderungen an deutsche Schuldner v. 23. VI. 1923 (RGBl. II, S. 284), mit bisher 6 Ausführungsbestimmungen.
ZusVertr. = Zusatzvertrag.
Zust. = Zustellung.
ZustG., ZG. (Pr.) = Gesetz über die Zuständigkeit der Verwaltungs- und Verwaltungsgerichtsbehörden vom 1. VIII. 1883 (GS. S. 237).
ZustUrk. = Zustellungsurkunde.
ZustVO. (Bay.) = Verordnung v. 4. I. 1872, betr. die Zuständigkeit der Verwaltungsbehörden in Sachen des Reichs- und des Polizeistrafgesetzbuchs.
ZuwStG., WZuwStG. = Zuwachssteuergesetz v. 14. II. 1911 (RGBl. S. 33).
ZVBSt., **ZVermBilSt.** = Zeitschrift für Vermögen, Bilanz und Steuern.
ZVDEV., **ZVDEisenbVerw.** = Zeitung des Vereins deutscher Eisenbahnverwaltungen.
ZVerglRW. = Zeitschrift für vergleichende Rechtswissenschaft.
ZVermBilSt., ZVBSt. = Zeitschrift für Vermögen, Bilanz und Steuern.

ZVersR. = Zeitschrift für Versicherungsrecht und Wissenschaft.
ZVersWes. = Zeitschrift für Versicherungswesen.
ZVersWiss. = Zeitschrift für die gesamte Versicherungswissenschaft.
ZVG., ZwVerstG. = Gesetz über die Zwangsversteigerung und die Zwangsverwaltung v. 24. III. 1897 (RGBl. S. 97 u. 135), neue Fassung v. 20. V. 1898 (RGBl. S. 369, 713).
ZVölkR. = Zeitschrift für Völkerrecht und Bundesstaatsrecht.
ZVolksw. = Zeitschrift für Volkswirtschaft, Sozialpolitik und Verwaltung.
ZVollstrR. = Zeitschrift für Vollstreckungsrecht und Zustellungswesen.
ZwAnlG. = Gesetz über die Zwangsanleihe v. 20. VII. 1922 (RGBl. I, S. 601).
ZwAuflVOFamG. (Pr.) = Zwangsauflösungsverordnung, betr. Familiengüter v. 10. III. 1919 (GS. S. 39).
ZweckverbG. (Pr.) = Zweckverbandsgesetz v. 19. VII. 1911 (GS. S. 115).
ZwEnteigG. (Bay.) = Zwangsenteignungsgesetz v. 17. XI. 1837.
ZwVollstr., ZwV. = Zwangsvollstreckung.
ZWohnW. = Zeitschrift für Wohnungswesen.
ZZölle = Zeitschrift für Zölle.
ZZollw. = Zeitschrift für Zollwesen und Reichssteuern.
ZZP., BuschsZ. = Zeitschrift für den deutschen Zivilprozeß, begründet von Busch.

B. Einzelverzeichnisse.*)

I. Behörden und Körperschaften.

A.

Allgemeine Ortskrankenkasse	= AOK., **AOKrankK.**
Amtsgericht	= AG.
Amtshauptmannschaft	= Amtsh.
Amtsrichter	= AR.
Anwaltverein, Berliner	= **BAnwV.**, BAV.
Anwaltverein, Deutscher	= **DAnwV.**, DAV.
Arbeitsgericht	= ArbG., ArbGer.
Arbeitsgerichtsrat	= ArbGR.
Arbeitskammer	= ArbK.
Arbeitsnachweis	= ArbNachw.
Arbeitsvermittlung, Landesamt für	= ArbVermLA., LAArbVerm.
Arbeitsvermittlung, Reichsamt für	= RAArbVerm.
Aufsichtsamt (Reichsaufsichtsamt) f. Privatversicherung	= APV., **AufsAPrivVers.**, RAufsAPrVers.
Aufsichtsbehörde	= AufsBeh.
Aufwertungsstelle	= AufwSt.
Ausgleichsamt (Reichsausgleichsamt)	= AusglA., RAusglA.
Ausschuß	= Aussch.
Auswärtiges Amt	= AuswA.

B.

Beamtenbeirat	= BBeir.
Behörde	= Beh.
Beirat	= Beir.
Berliner Anwaltverein	= BAV., **BAnwV.**
Berufsgenossenschaft	= BerG., **BerGen.**
Berufungsinstanz	= BerInst.
Berufungsrichter	= **BerR.**, BR.
Betriebsverband	= BetrVerb.
Bezirksamt	= BezA.
Bezirksbetriebsrat	= BezBetrR.
Bezirksfürsorgeverband	= BezFürsVerb.
Bezirksjugendamt	= BezJA.
Bezirksschlichtungsausschuß	= BezSchlA.
Bundesrat	= BR., **BundR.**

*) Die Anordnung ist hier aus praktischen Gründen nach rein alphabetischen, nicht nach bibliographischen Gesichtspunkten getroffen.

D.

Demobilmachungskommissar	= DemKomm.
Deutsche Reichspost	= DRP., **DRPo.**
Deutscher Anwaltverein	= DAV., **DAnwV.**
Deutscher Eisenbahn-Verkehrsverband	= DEisVerkV.
Deutscher Juristentag oder dessen Verhandlungen	= DJT.
Disziplinarhof	= DiszH.

E.

Ehrengerichtshof	= EGH.
Einigungsamt	= EA., EinA., EinigA.
Einzelrichter	= EinzelR.
Eisenbahn-Verkehrsverband, Deutscher	= DEisVerkV.

F.

Familiengüter, Landesamt für	= **LAFamG.**, LAFG., FamGLA.
Ferienkammer	= FerK.
Feriensenat	= FerS., **FerSen.**
Finanzamt, Finanzämter	= FA., FÄ., **FinA.**
Finanzgericht	= FinGer., FinG.

G.

Gemeindewaisenrat	= GemWaisR.
Gemischter Schiedsgerichtshof	= GemSchGH.
Generalstaatsanwalt	= GStA.
Gericht	= Ger., G.
Gerichtsassessor	= GerAss., GAss., GA.
Geschäftsordnung	= GO., **GeschO.**
Gewerbegericht	= **GewGer.**, **GG.**
Gewerkschaftsbund Deutscher Angestellter	= GDA.
Grundbuchamt	= GBA.

H.

Handelskammer	= HK.
Hauptversorgungsamt (ämter)	= HVA. (Ä.), **HVersA.**
Hauptverwaltung	= **HVerw.**, HV.

J.

Internationales Arbeitsamt	= IntArbA.
Jugendamt	= **JugA.**, JA.
Juristentag, Deutscher	= DJT.
Justizminister	= JustMin., JM.
Justizrat	= JR.

K.

Kammer	= K.
Kammergericht	= KG.

Kammergerichtsrat	= KGR.
Kammergerichtspräsident	= KGPräs.
Kartell	= Kart.
Kaufmannsgericht	= KfmG.
Kommission	= Komm.
Kommunalverband	= KommVerb.
Kriegsgericht	= KrG., KrGer.
Kriegsministerium	= KM.
Kriegsschäden, Ausschuß zur Feststellung von	= AusschKrSch.
Kriegsschäden, Oberausschuß zur Feststellung von	= ObAusschKrSch.
Kriegsschäden, Reichsausschuß zur Feststellung von	= RAusschKrSch.

L.

Landesamt	= LA.
Landesamt für Arbeitsvermittlung	= LAArbVerm.
Landesamt für amiliengüter	= **LAFamG.**, FamGLA., LAFG
Landesarbeitsamt	= LArbA.
Landesarbeitsgericht	= LArbG.
Landesfinanzamt	= LFA., **LFinA.**
Landesfürsorgeverband	= LFürsVerb.
Landesjugendamt	= LJA., **LJugA.**
Landeszentralbehörde	= LZentrBeh.
Landgericht	= LG.
Landgerichtspräsident	= LGPräs.
Landgerichtsrat	= LGR.
Landrat	= LRat
Landrichter	= LR.
Landtag	= LT.
Landwirtschaftskammer	= LWK.
Landwirtschaftsminister	= LWM.

M.

Mieteinigungsamt	= MEA.
Mietgericht	= MietGer.
Militärversorgungsgericht	= MilVGer., **MilVersGer.**, MVG.
Minister des Innern	= MdI.
Minister für Handel und Gewerbe	= MHuG., MinHanduGew.
Ministerialdirektor	= MinDir.
Ministerialrat	= MinR.
MinPr., MPr.	= Ministerpräsident

N.

Nationalversammlung	= **NatVers.**, NV., NVers.
Notar	= Not.

O.

Oberausschuß zur Feststellung v. Kriegsschäden	= ObAusschKrSch.
Oberkriegsgericht	= OKrG., OKrGer.
Oberlandesgericht	= OLG.
Oberlandesgerichtspräsident	= OLGPräs.
Oberlandesgerichtsrat	= OLGR.
Obermilitäranwalt	= OMA., **OMilA.**
Oberpostdirektion	= OPD., **OPoD.**
Oberrechnungskammer	= **ORechnK.**, ORK.
Oberrechnungsrat	= **ORechR.**, ORR.
Oberregierungsrat	= **ORegR.**, ORR.
Oberreichsanwalt	= ORA.
Oberschiedsgericht	= OSchG., OSchGer.
Oberseeamt	= OSeeA.
Oberstaatsanwalt	= OStA.
Oberstes Landesgericht	= ObLG.
Oberstlandesgerichtsrat	= ObLGR.
Obertribunal	= OTr., ObTrib.
Oberversicherungsamt	= OVA., **OVersA.**
Oberverwaltungsgericht	= OVG.
Oberverwaltungsgerichtspräsident	= OVGPräs.
Oberverwaltungsgerichtsrat	= OVGR.
Ortskrankenkasse, Allgemeine Ortskrankenkasse	= OKrankK., AOK.

P.

Pachteinigungsamt	= PEA.
Parlamentarischer Ausschuß	= PA., **ParlAussch.**
Patentamt	= PA., **PatA.**
Patentanwalt	= PAnw., **PatAnw.**
Polizeidirektion	= PolDir.
Präsident	= Präs.
Preußisch	= Pr.
Privatversicherung, Reichsaufsichtsamt für	= **RAufsAPrivVers.**, RAPV.
Prozeßbevollmächtigter	= ProzBev.
Prozeßgericht	= ProzG., ProzGer.

R.

Rat	= R.
Rechtsanwalt	= RA.
Rechnungshof des Deutschen Reichs	= RH., **RechnH.**
Referendar	= **Ref.**, Rfdr.
Regierung	= Reg.
Regierungsassessor	= RegAss.
Regierungskammer der Finanzen	= RegKdF. (Bay.)
Regierungskammer des Innern	= RegKdJ. (Bay.)
Regierungsrat	= RegR.
Regierungspräsident	= RegPräs.
Reichsamt des Innern	= RAJ.

Reichsamt für Arbeitsvermittlung und Arbeitslosenversicherung	= RAArbVerm.
Reichsarbeitsgericht (mit Band und Seitenzahl dessen Entscheidungen, herausgegeben von Mitgliedern des Gerichtshofs)	= RArbG.
Reichsarbeitsminister, Reichsarbeitsministerium	= RArbM.
Reichsarbeitsverwaltung	= **RArbVerw.**, RAV.
Reichsaufsichtsamt für Privatversicherung	= **RAufsAPrivVers.**, RAPV.
Reichsausgleichsamt	= RAusglA.
Reichsausschuß	= RAussch.
Reichsbahnamt	= RBahnA.
Reichsausschuß zur Feststellung von Kriegsschäden	= RAusschKrSch.
Reichsbahndirektion	= RBahnDir.
Reichsbahnzentralamt	= RBahnZentrA.
Reichsbankdirektor, Reichsbankdirektorium	= RBankDir.
Reichsdisziplinarhof	= **RDiszH.**, RDH.
Reichsdisziplinarkammer	= RDK., **RDiszK.**
Reichseisenbahnamt	= REA., **REisenbA.**
Reichsentschädigungsamt	= REA., **REntschA.**
Reichsfinanzhof	= RFinH., RFH.
Reichsfinanzminister	= RFM., RFMin.
Reichsgericht	= RG.
Reichsgerichtspräsident	= RGPräs.
Reichsgerichtsrat	= RGR.
Reichsgesundheitsamt	= RGA., **RGesA.**
Reichsjustizminister, Reichsminister der Justiz	= RJM., RMJ.
Reichsjustizministerium	= RJM.
Reichskanzler	= RK.
Reichskolonialamt	= RKA., **RKolA.**
Reichsminister der Justiz, Reichsjustizminister	= RJM., RMJ.
Reichsmarineamt	= RMA., **RMarA.**
Reichsminister, Reichsministerium	= RM.
Reichs-Oberhandelsgericht	= ROHG.
Reichspatentamt	= RPA., **RPatA.**
Reichspost, Deutsche	= **DRPo.**, DRP.
Reichspostamt	= RPA., **RPoA.**
Reichspostminister, Reichspostministerium	= RPM., **RPoM.**
Reichspräsident	= RPr., RPräs.
Reichsrat	= RR., **RRat.**
Reichsregierung	= RReg.
Reichsschatzamt	= **RSchatzA.**, RSchA.
Reichsschatzminister, Reichsschatzministerium	= RSchatzM.
Reichsschiedsamt	= **RSchiedsA.**, RSchA.
Reichsschiedsgericht	= **RSchiedsGer.**, RSchG.
Reichsschuldenkommission	= RSchuldKomm.
Reichsstelle für Auswanderungswesen	= RStAusw.
Reichstag	= RT.
Reichsverkehrsminister, Reichsverkehrsministerium	= **RVerkM.**, RVM.

Reichsversicherungsamt = RVA., **RVersA.**
Reichsversicherungsanstalt für Angestellte = RVAAng., AngRVA.
Reichsversorgungsgericht = RVG., **RVersorgGer.**
Reichswanderungsamt = RWandA.
Reichswehrminister, Reichswehrministerium = RWM., RWehrM.
Reichswirtschaftsgericht = **RWiG.**, RWG.
Reichswirtschaftsgerichtsrat = **RWiGR.**, RWGR.
Reparationskommission = Repko
Revisionsgericht = RevG.
Revisionsinstanz = RevInst.
Revisionsrichter = RevR.

S.

Schiedsgericht = SchGer.
Schiedsgerichtshof, Gemischter = GemSchGH.
Schöffengericht = SchGer., **SchöffG.**
Schwurgericht = SchwG.
Seeamt = SeeA.
Senat = Sen.
Senatspräsident = SenPr., SenPräs.
Sparkasse = SparK.
Ständige Tarifkommission = StTarKomm.
Ständiger Internationaler Gerichtshof (Haag) = StIntGerH.
Staatsanwalt = StA.
Staatsanwaltschaftsrat = StAR.
Staatsarchiv = StaatsA., StaatsArch.
Staatsgerichtshof = StGH.
Steuer = St.
Strafkammer = StrK.

T.

Tarifkommission, Ständige = StTarKomm.

U.

Urkundsbeamter = UrkB.

V.

Verband = Vbd.
Versicherungsamt = **VersA.**, VA.
Versicherungsanstalt = VersAnst.
Versicherungsunternehmungen, Aufsichtsamt für die privaten = **AufsAPrivVers.**, APV.
Versorgungsamt = **VersorgA.**, VA.
Verwaltung = Verw.
Verwaltungsgericht = VG.
Verwaltungsgerichtshof = VGH.
Vollstreckungsgericht = VollstrG., VollstrGer.
Vorsitzender = Vors.

W.

Wohlfahrtsamt = WohlfA.
Wohnungsamt = **WohnA.**, WA.
Wohnungsverband = WohnVerb.

Z.

Zentralausgabestelle (beim Reichsministerium des Innern) = ZAG., **ZentrAusgSt.**
Zentralfinanzamt = ZFA., **ZFinA.**
Zivilkammer = **ZK.**, CK.
Zivilsenat = ZS., **ZivSen.**

II. Zeitschriften und andere periodische Veröffentlichungen.

A.

Abgeordneten, Drucksachen des Hauses der = DrucksAbgH.
Agrar- und Wasserrecht, Zeitschrift für = AgrZ., AgrarZ.
Aktiengesellschaften u. f. Gesellschaften mbH., Zeitschrift für, hrsg. v. Bauer = BauersZ.
Aktienrecht usw., Wochenschrift für, hrsg. von Holdheim = HoldheimsW.
Allgemeine Deutsche Mietszeitung = ADMietsZ.
Allgemeine Steuerrundschau = AllgStR., AStR.
Allgemeiner deutscher Gewerkschaftsbund, Korrespondenzblatt des = KorrBlADG.
Amtliche Nachrichten des Reichsversicherungsamtes = RVANachr., **RVersNachr.**
Amtsblatt der Reichsfinanzverwaltung = RFABl., RFBl., RFinBl.
Amtsblatt des Reichspostministeriums = PABl., **PoABl.**
Amtsblatt des Staatsministeriums der Finanzen (bayerisch) = FMBl. (Bay.).
Amtsblatt des Staatsministers für Unterricht u. Kultus (bayerisch) = KMBl. (Bay.).
Angestelltenversicherung, Die (Zeitschrift) = AngVers.
Anhang zu den Veröffentlichungen des Aufsichtsamts = VA., **VersA.**
Annalen der Großherzoglich Badischen Gerichte = BadAnn.
Annalen des Deutschen Reichs, begründet von Hirth = AnnDR., HirthsAnn.
Annalen des Reichsgerichts, hrsg. von Blum = AnnRG., Blums Ann.
Annalen des Sächsischen Notarvereins = SächsNotV
Anwaltsblatt, Nachrichten für die Mitglieder des Deutschen Anwaltvereins = AnwBl.
Arbeit, Zeitschrift für Gewerkschaftspolitik und Wirtschaftskunde = Arb.
Arbeiterversorgung, Zeitschrift für gesamte Sozialversicherung i. D. R. = ArbVers.
Arbeitgeber, Der (Zeitschrift) = Arbg.
Arbeitgeberzeitung, Die deutsche, Zentralblatt der deutschen Arbeitgeber = ArbGZ., DArbGZ.

Arbeitsgericht (Zeitschrift) = ArbG.
Arbeitsgerichtliche Entscheidungen, hrsg. von Teichmann = ArbGEntschTeichm.
Arbeitsnachweis, Der öffentliche = ÖffArbNachw.
Arbeitsrecht, Zeitschrift für das gesamte Dienstrecht der Arbeiter, Angestellten und Beamten = ArbR.
Arbeitsrechtliche Entscheidungen der Gewerbe- und Kaufmannsgerichte, Berlin = ArbEntschBerl.
Arbeitsrechtspraxis, Zeitschrift für Arbeitsrecht, Sozialversicherung und soziale Verwaltung = ArbRpr.
Arbeit und Beruf, Halbmonatszeitschrift f. Fragen des Arbeitsmarkts, Berufungsberatung und verwandte Gebiete = ArbuBer.
Archiv für bürgerliches Recht = ArchBürgR., BürgArch.
Archiv für Eisenbahnwesen = ArchEisenbW.
Archiv für Frauenarbeit = ArchFrauenarb.
Archiv für Funkrecht = ArchFunkR., FunkArch.
Archiv für gewerbliche Rechtspflege = ArchGewRpfl.
Archiv für katholisches Kirchenrecht = ArchKathKR.
Archiv für Kriminalanthropologie und Kriminalistik, jetzt für Kriminologie = ArchKrimAnthr.
Archiv für öffentliches Recht, jetzt des Öffentlichen Rechts = ArchÖffR.
Archiv für Post und Telegraphie = ArchPostTel.
Archiv für praktische Rechtswissenschaft = ArchPraktRW.
Archiv für Rechtspflege in Sachsen, Thüringen und Anhalt = SächsArchRpfl., SächsRpflArch.
Archiv für Rechts- und Wirtschaftsphilosophie = ArchRPhilos.
Archiv für Revisions- und Treuhandwesen = ArchRevTreuhW.
Archiv für soziale Gesetzgebung und Statistik = ArchSozG.
Archiv für Sozialwissenschaften und Sozialpolitik = ArchSozW.
Archiv für Strafrecht und Strafprozeß, begründet von Goltdammer = GoltdArch., GA., GArch.
Archiv für Theorie und Praxis d. Allgem. d. Handels- und Wechselwesens, begr. v. Busch = BuschArch.
Archiv für Urheber-, Film- und Theaterrecht = ArchUrhR., Ufita.
Archiv für die civilistische Praxis = ArchZivPr.
Archiv für Verwaltungsrecht = ArchVerwR.
Armeeverordnungsblatt = AVBl., ArmVOBl.
Auslands, Gesetzgebung und Rechtspraxis des (Zeitschrift) = AuslGes.
Auslandsrechtsblätter für Industrie und Handel = AuslRBl.

B.

Badische Notariatszeitschrift = BadNotZ.
Badische Rechtspraxis = BadRpr.
Badische Verwaltung und Verwaltungsrechtspflege, Zeitschrift für = BadVerwZ.
Bank, Die (Zeitschrift) = Bank.
Bank-Archiv = BankA., **BankArch.**

Bankwissenschaft (Zeitschrift)	= BankWiss.
Bauers Zeitschrift für Aktiengesellschaften u. f. Gesellschaften mbH.	= BauersZ.
Bayerische Gemeinde- und Verwaltungszeitung	= BayGemVZ.
Bayerische Gemeinde-Zeitung	= BayGemZ.
Bayerische Verwaltungsblätter	= BayVBl.
Bayerischer Notar-Verein, Mitteilungen des (seit 1924)	= BayNotV.
Bayerisches Finanzblatt	= BayFinBl.
Bayerisches Gesetz- und Verordnungsblatt	= BayGVBl.
Bayern, Zeitschrift für Rechtspflege in	= BayRpflZ.
Beiträge zur Erläuterung des Deutschen Rechts, begründet von Gruchot	= GruchBeitr.
Berufsgenossenschaft, Zeitschrift der	= BerGenZ.
Blätter für administrative Praxis und Polizeigerichtspflege, neu erschienen als Bayerische Verwaltungsblätter	= BlAdmPr.
Blätter für Arbeitsrecht	= BlArbR., ArbRBl.
Blätter für Armenpflege und soziale Fürsorge	= BlArmPfl.
Blätter für Gefängniskunde	= BlGefängnK.
Blätter für Genossenschaftswesen	= BlGenossW.
Blätter für gerichtliche Medizin und Sanitätspolizei, Friedreichs	= FriedreichsBl.
Blätter für internationales Privatrecht, Beilage zur Leipziger Zeitschrift	= BlIntPr.
Blätter für Patent-, Kunst und Zeichenwesen	= BlPatWes.
Blatt für Patent-, Muster- und Zeichenwesen, hrsg. vom Reichspatentamt	= **PatMustZeichBl.**, PMZBl.
Blätter für Rechtspflege im Bezirk des Kammergerichts	= KGBl.
Blätter für vergleichende Rechtswissenschaft und Volkswirtschaftslehre	= BlVerglRW.
Böhm, begründet von, Zeitschrift für Internationales Recht, jetzt hrsg. von Niemeyer	= BöhmsZ., NiemeyersZ.
Bureaublatt für gerichtliche Beamte	= BurBl.
Bürgerliches Recht, Archiv für	= ArchBürgR., BürgArch.

D.

Danziger Juristische Monatsschrift	= DanzJMschr.
Das Gewerbegericht, Zeitschrift	= GG., **GewGer.**
Das Gewerbe- und Kaufmannsgericht, Monatsschrift des Verbandes deutscher Gewerbe- und Kaufmannsgerichte	= GewKfmG.
Das Grundeigentum, Zeitschrift für Haus- und Grundbesitzer	= GrundE.
Das Recht. Juristisches Zentralblatt für Praktiker	= R., Recht
Das Recht des Kraftfahrers, Mitteilungen aus dem gesamten Gebiet des Kraftfahrzeugrechts	= RdK., **RKraftf.**
Das Schlichtungswesen, Mitteilungsblatt der Schlichtungsausschüsse im Deutschen Reich	= SchlichtW.

Der Arbeitgeber (Zeitschrift)	= Arbg.
Der landwirtschaftliche Pachtbetrieb, Zeitschrift der Reichsarbeitsgemeinschaft landwirtschaftlicher Pachtbetriebe	= PachtZ.
Der Mietbeisitzer, Monatsbeilage des Mitteilungsblattes des Reichsbundes Deutscher Mieter — MietMittBl.	= MietBeis.
Der öffentliche Arbeitsnachweis	= ÖffArbNachw.
Der Verpächter, Zeitschrift für Land und Recht	= Verp.
Der Versicherungsfreund und volkswirtschaftliche Post	= VersFreund
Deutsche Arbeitgeberzeitung	= DArbgZ., ArbgZ.
Deutsche Gemeinde-Zeitung	= DGemZ.
Deutsche Gerichtsvollzieher-Zeitung	= DGVollzZ., GVollzZ.
Deutsche Immobilien-Zeitung	= DImmZ.
Deutsche Juristen-Zeitung	= DJZ., DJurZ.
Deutsche Justiz-Statistik	= DJSt., DJStat.
Deutsche Krankenkasse (Zeitschrift)	= DKrankKZ.
Deutsche Richterzeitung	= DRZ., DRichtZ.
Deutsche Steuer-Korrespondenz	= DStKorr.
Deutsche Steuer-Zeitung	= DStZ.
Deutsche Steuer-Zeitung, Eildienst	= EildDStZ.
Deutsche Strafrechts-Zeitung	= DStrZ.
Deutsche Verkehrssteuer-Rundschau	= DVerkStR.
Deutsche Verkehrszeitung	= DVerkZ.
Deutsche Versicherten-Zeitung	= DVersZ.
Deutsche Wirtschafts-Zeitung	= DWirtschZ.
Deutsche Zeitschrift für Wohlfahrtspflege	= DZtschrWohlfPfl.
Deutscher Industrie- und Handelstag und dessen Veröffentlichungen	= DIndT.
Deutscher Juristentag, Verhandlung des	= DJT.
Deutscher Reichsanzeiger und Preußischer Staatsanzeig.	= RAnz., DRAnz.
Deutscher Städtetag, Mitteilungen des	= DStTMitt.
Deutsches Kolonialblatt, Amtsblatt für die Schutzgebiete des Deutschen Reichs	= KolBl.
Deutsches Polizei-Archiv	= DPolArch.
Deutsches Steuerblatt	= DStBl.
Deutsches Wohnungs-Archiv	= DWohnArch.
Die Angestelltenversicherung (Zeitschrift)	= AngVers.
Die Bank (Zeitschrift)	= Bank
Die gemeinnützige Rechtsauskunft, Zeitschrift	= RAusk.
Dogmatik des bürgerl. Rechts, Jherings Jahrbücher für	= JheringsJ., DogmJahrb.
Drucksachen des Hauses der Abgeordneten	= DrucksAbgH.

E.

Eger, hrsg. von, Eisenbahnrechtliche Entscheidungen und Abhandlungen. Zeitschrift für Eisenbahnrecht	= EisenbE., EgersEntsch.
Eildienst, Deutsche Steuer-Zeitung	= EildDStZ.
Einigungsamt und Mietsschöffengericht, Zeitschrift	= EA., EinA., EinigA.
Eisenbahnnachrichtenblatt	= EisenbNBl.

Eisenbahnrechtliche Entscheidungen und Abhandlungen.
Zeitschrift für Eisenbahnrecht, hrsg. von Eger = EisenbE., EgerEntsch.
Eisenbahnvereinszeitung = EisenbVereinsZ., EisenbVZ.
Eisenbahnwesen, Archiv für = ArchEisenbW.
Elsaß-Lothringen, Juristische Zeitschrift für das Reichsland = ElsLothZ.
Elsaß-Lothringen, Notariats-Zeitschrift für = ElsLothNotZ.
Entscheidungen der Gerichte und Verwaltungsbehörden, hrsg. von Reger = RegerEntsch.
Entscheidungen des Preußischen (Sächsischen usw.) Oberverwaltungsgerichts = PrOVG., SächsOVG. usw.
Entscheidungen des Reichsarbeitsgerichts, hrsg. von Mitgliedern des Reichsarbeitsgerichts = RArbG., RArbGEntsch.
Entscheidungen des Reichsarbeitsgerichts und der Landesarbeitsgerichte (Flatow/Gerstel/Hueck/Nipperdey), Verlag Bensheimer = BenshSammlgRArbG., RArbGBensh.
Entscheidungen des Reichsgerichts; besondere Beilage z. Deutschen Reichs- und Preußischen Staatsanzeiger = RG. RAnz.
Entscheidungen des Reichsgerichts in Strafsachen = RG. (Straff.), RGSt.
Entscheidungen des Reichsgerichts in Zivilsachen = RG., RGZ.
Entscheidungen des Reichsversicherungsamtes = RVA., **RVersA.**
Entscheidungen des Reichswirtschaftsgerichts = RWG., **RWiG.**
Entscheidungen in Angelegenheiten der freiwilligen Gerichtsbarkeit und des Grundbuchrechts; zusammengestellt im Reichsjustiz-Amt = RJAEntschFG.

F.

Finanzblatt, Bayerisches = BayFinBl.
Finanzministerialblatt, Preußisches = FinMinBl., FMBl., FMBl. (Pr.), PrFMBl.
Dr. Fischer's Zeitschrift und Gesetzgebung der Verwaltung, zunächst für das Königreich Sachsen = FischersZ.
Forst- und Jagdgesetzgebung, Jahrbuch der preußischen = JPrForstJG. (Pr.).
Freiwillige Gerichtsbarkeit und das Grundbuchrecht, Entscheidungen in Angelegenheiten der; zusammengestellt im Reichsjustiz-Amt = RJAEntschFGG.
Freiwillige Gerichtsbarkeit und das Grundbuchrecht, Jahrbuch für Entscheidungen und Angelegenheiten der (Fortsetzung der Sammlungen „RJA." und „KGJ.") = JFG., JahrbFreiwGer.
Friedensrecht, Ein Nachrichtenblatt über die Durchführung des Friedensvertrages = FriedensR.
Friedreichs Blätter für gerichtliche Medizin u. Sanitätspolizei = FriedreichsBl.

G.

Gefängniskunde, Blätter für = BlGefängnK.
Gemeinde- und Verwaltungszeitung, Bayerische = BayGemVZ.
Gemeinde-Zeitung, Bayerische = BayGemZ.

Gemeinnützige Rechtsauskunft, Die (Zeitschrift) = RAusk.
Genossenschaftsblätter = GenossBl.
Genossenschaftswesen, Blätter für = BlGenossW.
Gerichtliche Medizin und Sanitätspolizei, Friedreichs Blätter für = FriedreichsBl.
Gerichtsvollzieher-Zeitung, Deutsche = GVollzZ., DGVollzZ.
Gesetz und Recht, Zeitschrift für allgemeine Rechts- und Staatskunde = GesuR.
Gesetz- und Verordnungsblatt, Bayerisches = BayGVBl.
Gesetzgebung und Rechtspraxis des Auslands (Zeitschr.) = AuslGes.
Gewerbearchiv für das Deutsche Reich = GewArch.
Gewerbegericht, Das, Zeitschrift = GG., **GewGer.**
Gewerbe- und Kaufmannsgerichte, Berlin, Arbeitsgerichtliche Entscheidungen der = ArbEntschBerl.
Gewerbe- und Kaufmannsgericht, Das, Monatsschrift des Verbandes deutscher Gewerbe- und Kaufmannsgerichte = GewKfmG.
Gewerbliche Rechtspflege, Archiv für = ArchGewRpfl.
Gewerblicher Rechtsschutz, Jahrbuch der Internationalen Vereinigung für = IntVGewRSchutz
Gewerblicher Rechtsschutz und Urheberrecht, Zeitschrift des deutschen Vereins f. d. Schutz des gewerblichen Eigentums = GewRSch.
Gewerkschaftsarchiv, Monatsschrift für Theorie und Praxis der gesamten Gewerkschaftsbewegung = GewerkArch.
Gewerkschaftszeitung, Organ des allgemeinen Deutschen Gewerkschaftsbundes = GewerkZ.
Goltdammer, Archiv für Strafrecht und Strafprozeß, begründet von = **GoltdArch.**, GA., GArch.
Grünhut, hrsg. von, Zeitschrift für das private und öffentliche Recht der Gegenwart = GrünhutsZ.
Gruchot, begründet von, Beiträge zur Erläuterung des Deutschen Rechts = GruchBeitr., Gruch.
Grundeigentum, Das, Zeitschrift für Haus- und Grundbesitzer = GrundE.
Grundstücks-Archiv = GrundstArch.

H.

Hamm, Anwaltskammer, Zeitschrift der = HammAK.
Handelsrecht, Zentralblatt für, vereinigt mit der „Zeitschrift für Gesellschaftswesen" = HRZBl., ZentrBlHR.
Handels- und Konkursrecht, Zeitschrift für das gesamte, begründet von Goldschmidt = GoldschmidtsZ., ZHR.
Handelswissenschaft und Handelspraxis, Zeitschrift für, Beiblatt: Der Kaufmann und das Leben = HWissuHPraxZ., ZfHWissuHPrax.
Hanseatische Gerichtszeitung. Hauptblatt: Handelsrechtliche Fälle. Beiblatt: Zivilrechtliche Fälle, Arbeitsrecht. Zusammengefaßt mit Hanseatischer

Rechtszeitschrift zu „Hanseatischer Rechts- und Gerichtszeitung"	= HansGZ.
Hanseatische Rechts- und Gerichtszeitung	= HansRGZ.
Hanseatische Rechtszeitschrift für Handel, Schiffahrt und Versicherung, Kolonial- und Auslandsbeziehungen, sowie für Hansestädtisches Recht. Zusammengefaßt mit Hanseatischer „Gerichtszeitung" zu „Hanseatischer Rechts- und Gerichtszeitung	= HansRZ.
Hessen, Mitteilungen aus der Rechtspflege im Gebiete des ehemaligen Kurfürstentums	= KurhessMitt.
Hessische Rechtsprechung	= HessRspr.
Hirth, Annalen des Deutschen Reichs, begründet von	= AnnDR., HirthsAnn.
Höchstrichterliche Rechtsprechung, Beilage zur Juristischen Rundschau	= HRR., **HöchstrRspr.**
Höchstrichterliche Rechtsprechung auf dem Gebiete des Strafrechts	= **HöchstRRStr.**, HRRStr.
Holdheim, früher hrsg. von, Monatsschrift für Handelsrecht, Bankwesen, Steuer- und Stempelfragen (ursprüngliche Bezeichnung: Monatsschrift für Aktienrecht)	= HoldheimsMSchr.

I.

Iherings Jahrbücher für die Dogmatik des bürgerlichen Rechts	= IheringsJ., DogmJahrb.
Industrie- und Handelskammer, Berlin, Mitteilungen der	= InduHKBerlMitt.
Innere Verwaltung, Ministerialblatt für die gesamte Preußische	= MBliV.
Internationale Sammlung der Arbeitsrechtsprechung	= IntSArbRspr.
Internationale Vereinigung für gewerblichen Rechtsschutz, Jahrbuch der	= IntVGRSchutz
Internationale Vereinigung für vergleichende Rechtswissenschaft und Volkswirtschaftslehre, Jahrbuch der	= IntVvglRW.
Internationales Recht, Zeitschrift für, begründet von Böhm, jetzt hrsg. von Niemeyer	= BöhmsZ., NiemeyersZ.
Internationales Schiedsgerichtswesen, Jahrbuch des	= JahrbIntSchGer.

J.

Jahrbuch des Arbeitsrechts	= JAR., **JahrbArbR.**
Jahrbuch der Gefängnisgesellschaft für die Provinz Sachsen und das Herzogtum Anhalt	= SächsGefJ.
Jahrbuch der Internationalen Vereinigung für gewerblichen Rechtsschutz	= IntVGewRSchutz
Jahrbuch der internationalen Vereinigung für vergleichende Rechtswissenschaft und Volkswirtschaftslehre	= IntVVglRW.
Jahrbuch der preußischen Forst- und Jagdgesetzgebung	= JPrForstJG. (Pr.).
Jahrbuch des Deutschen Rechts	= JDR., **JahrbDR.**
Jahrbuch des internationalen Schiedsgerichtswesens	= JahrbIntSchGer.

Jahrbuch des Kaufmannsgerichts, Berlin = BerlKfmGJ.

Jahrbücher des Sächsischen Oberverwaltungsgerichts = SächsOVG.

Jahrbuch des Steuerrechts = JStR., JahrbStR.

Jahrbuch des Völkerrechts = JahrbVölkR.

Jahrbuch des Zivilrechts, hrsg. von Soergel (Soergels Rechtsprechung) = SoergelRspr.

Jahrbücher für die Dogmatik des bürgerlichen Rechts, Iherings = IheringsJ., DogmJahrb.

Jahrbuch für Entscheidungen und Angelegenheiten der freiwilligen Gerichtsbarkeit und des Grundbuchrechts, hrsg. von Ring (Fortsetzung der Sammlungen „RJA.“ und „KGJ.“) = **JFG.**, JahrbFreiwGerk.

Jahrbuch für Entscheidungen des Kammergerichts in Sachen der freiwilligen Gerichtsbarkeit, in Kosten-, Stempel- und Strafsachen (fortgesetzt in JFG., siehe dort) = **KGJ.**, JahrbEntschKG.

Jahrbuch für Gesetzgebung, Verwaltung und Volkswirtschaft im Deutschen Reich, hrsg. von Schmoller = SchmollerJ.

Jahrbücher für Nationalökonomie, hrsg. v. Conrad = ConradsJ.

Jugendrecht und Jugendwohlfahrt, Zentralblatt für, = JJZBl., **JugZentrBl.**

Juristische Monatsschrift für Posen, West- und Ostpreußen und Pommern = PosMSchr.

Juristische Rundschau für Privatversicherung = **JurRdschPrVers.**, JRPV.

Juristische Rundschau. Zeitschrift f. praktische Rechtskunde. Dazu Beilage: „Höchstrichterliche Rechtsprechung“ = JRsch., **JurRdsch.**

Juristische Vierteljahresschrift = JVJSchr.

Juristische Wochenschrift = JurW., **JW.**

Juristische Zeitschrift für das Reichsland Elsaß-Lothringen = ElsLothZ.

Justiz, Zeitschrift für Erneuerung des deutschen Rechtswesens = Justiz.

Justizdienstliche Rundschau. Organ zur Vertretung der Fach- und Standesinteressen deutscher Justizbeamten = JustizRdsch.

Justizministerialblatt, Preußisches = JMBl. (Pr.).

K.

Kammergericht, Blätter für Rechtspflege im Bezirk des = KGBl.

Kartellrundschau, Monatsschrift für Kartell- und Konzernwesen = KartRdsch.

Kartenauskunftei des Arbeitsrechts Stuttgart = ArbAuskStuttgart

Kartenauskunftei des Arbeitsrechts von Kallee = KalleeKA.

Katholisches Kirchenrecht, Archiv für = ArchKathKR.

Kaufmann, Der, in Wirtschaft und Recht, Monatsschrift = KfmWuR.

Kaufmannsgericht, Jahrbuch des, Berlin = BerlKfmGJ.

Kölner Sozialpolitische Vierteljahrszeitschrift = KölnSozPolZ.

Kolonialblatt, Deutsches, Amtsblatt für die Schutzgebiete des Deutschen Reichs = KolBl.

Kommunale Praxis = KommPr.

Kompaß, Zeitschrift der Knappschafts-Berufsgenossenschaft = Komp.
Konkurs- und Treuhandwesen. Monatsschrift für Wirtschaft und Recht = KonkTrW.
Korrespondenzblatt des allgemeinen deutschen Gewerkschaftsbundes = KorrBlADG.
Krankenversicherung (Zeitschrift) = KrankVZ.
Kriminalanthropologie und Kriminalistik, jetzt für Kriminologie, Archiv für = ArchKrimAnthr.
Kriminalistik. Bearbeitet im Reichsjustizamt und im Kaiserlichen Statistischen Amt, resp. im Reichsjustizministerium und im Statistischen Reichsamt = KrimStat.
Kritische Vierteljahrsschrift für Gesetzgebung und Rechtswissenschaft = KrVJSchr.

L.

Landwirtschaftliche Pachtbetrieb, Der, Zeitschrift der Reichsarbeitsgemeinschaft landwirtschaftlicher Pachtbetriebe = PachtZ.
Landwirtschaftliche Steuerzeitung = LwStZ.
Leipziger Zeitschrift für Deutsches Recht = LeipzZfDR., LZ.

M.

Magazin für das Deutsche Recht = MagfDR.
Markenschutz und Wettbewerb, Monatsschrift f. Marken-, Patent- und Wettbewerbsrecht = MarkSchWettbew., MuW.
Mecklenburgische Zeitschrift für Rechtspflege und Verwaltung = MecklZ.
Mietbeisitzer, Der, Monatsbeilage des Mitteilungsblattes des Reichsbundes Deutscher Mieter — MietMittBl. = MietBeis.
Mietsgericht, Zeitschrift Deutscher Einigungsämter = MietGer.
Mietszeitung, Allgemeine Deutsche = ADMietsZ.
Ministerialblatt = MinBl.
Ministerialblatt der Verwaltung für Landwirtschaft, Domänen und Forsten = LwMBl.
Ministerialblatt des Volkswohlfahrtsministeriums = VMBl.
Minsterialblatt für die gesamte preußische innere Verwaltung = MBliV.
Mitteilungen aus der Praxis. Hrsg. vom Württembergischen Notariatsverein = WürttNotV.
Mitteilungen aus der Rechtspflege im Gebiete des ehemaligen Kurfürstentums Hessen = KurhessMitt.
Mitteilungen der Industrie- und Handelskammer, Berlin = InduHKBerlMitt.
Mitteilungen der Steuerstelle des Reichsverbandes der Deutschen Industrie = IndMitt.
Mitteilungen des Bayerischen Notar-Vereins = BayNotV.
Mitteilungen des Deutschen Städtetages = DStTMitt.
Mitteilungen des Sächsischen Notarvereins = SächsNotV.

Mitteilungen des vorläufigen Reichswirtschaftsrats = RWRMitt.
Mitteilungen vom Verband Deutscher Patentanwälte = Mitt., **MittPatA.**
Mitteilungsblatt des Reichsbundes Deutscher Mieter (mit Beilage: Mieterbeisitzer — MietBeis.) = MietMittBl.
Monatsschrift für Arbeiter- und Angestelltenversicherung = MSchrArbV., MSchrArbVers.
Monatsschrift für Handelsrecht, Bankwesen, Steuer- und Stempelfragen. Früher hrsg. von Holdheim (ursprüngliche Bezeichnung: Monatsschrift für Aktienrecht) = HoldheimsMSchr.
Monatsschrift für Kriminalpsychologie und Strafrechtsreform = MSchrKrimPsych.

N.

Naumburger Kammerzeitung. Zeitschrift der Anwaltskammer des OLGBezirks Naumburg = NaumbKZ.
Neue Arbeitsrechtskartei = NArbK.
Neue Rechtssätze des Reichsfinanzhofs = NR., NRRFH.
Neue Steuerrundschau = NStR., NStRdsch.
Neue Zeitschrift für Arbeitsrecht = NZArbR.
Niemeyers Zeitschrift für Internationales Recht, begründet von Böhm = **NiemeyersZ.**, BöhmsZ.
Notare, Rheinische Zeitschrift für = RheinNotZ.
Notariat, für die freiwillige Gerichtsbarkeit und das Grundbuchwesen, Zeitschrift für das = BayNotZ.
Notariatszeitschrift, Badische = BadNotZ.
Notariats-Zeitschrift für Elsaß-Lothringen = ElsLothNotZ.
Notar-Verein, Mitteilungen des Bayerischen = BayNotV.

O.

Oberlandesgericht München in Gegenständen des Strafrechts und Strafprozesses (Sammlung von Entscheidungen des = OLGMünchenSt.
Oberlandesgerichte auf dem Gebiet des Zivilrechts, Die Rechtsprechung der = OLG., Rspr.
Oberseeamt, Entscheidungen des Oberseeamts und der Seeämter des Deutschen Reichs = OSeeA.
Obertribunal und seine Entscheidungen = ObTrib., OTr.
Öffentliches Recht, jetzt des öffentlichen Rechts, Archiv f. = ArchÖffR.
Offizieller Anzeiger = OffAnz.
Oldenburg, Zeitschrift für Verwaltung und Rechtspflege in = OldZ.
Ortskrankenkasse (Zeitschrift) = OKrankZ.
Ostrecht, Zeitschrift für = OstRZ., OstR.

P.

Patentblatt = **PatBl.**, PBl.
Patent-, Kunst- und Zeichenwesen, Blätter für = BlPatw.

Pfälzische Rechtspraxis = PfälzRpr.
Polizei-Archiv, Deutsches = DPolArch.
Post und Telegraphie, Archiv für = ArchPostTel.
Praktische Rechtswissenschaft, Archiv für = ArchPraktRw.
Preußisches Archiv, hrsg. von Weißler = PrArch., WeißlersArch.
Preußisches Besoldungsblatt = PrBesBl.
Preußisches Justizministerialblatt = PrJMBl.
Preußisches Verwaltungsblatt = PrVBl., PrVerwBl.
Preußisches Zentralblatt f. d. Unterrichtsverwaltung = PrZBlU., ZBlUntVerw.
Privatversicherung, Juristische Rundschau für = JRPV., **JurRdschPrivVers.**

R.

Recht und Handel, Zeitschrift (mit Beiblatt: Wirtschaftskurier) = RuH.
Recht und Leben (Zeitschrift) = RuL.
Recht und Staat (Zeitschrift) in Geschichte u. Gegenwart = RuSt.
Recht und Wirtschaft, Zeitschrift = RuW.
Rechtspraxis des Auslandes, Gesetzgebung und (Zeitschrift) = AuslGes.
Rechts- und Wirtschaftsphilosophie, Archiv für = ArchRPhilos.
Rechtsprechung des Arbeitsrechts (Zeitschrift) = ArbRRspr.
Rechtsprechung der Oberlandesgerichte auf dem Gebiete des Zivilrechts = OLG., Rspr.
Rechtsprechung des Reichsgerichts, soweit sie nicht in der amtlichen Sammlung der Entscheidungen des RG. abgedruckt ist, hrsg. von Warneyer = Warneyer, WarnRG., RGWarn.
Rechtsprechung des Reichsgerichts in Strafsachen = Rspr., Rechtspr.
Rechtssprechung in Arbeitssachen. Grundsätzliche Entscheidungen des Reichsarbeitsgerichts, der Landesarbeitsgerichte und der Arbeitsgerichte = ArbRspr., RsprArb.
Rechtsprechung in Aufwertungssachen (Entscheidungssammlung), hrsg. von Ring und Harmening = RsprAufw., **AufwRspr.**, RingAufwRspr.
Regierungsblatt = RegBl.
Reichsarbeitsblatt, Amtsblatt des Reichsarbeitsministeriums und der Reichsarbeitsverwaltung = RArbBl., RABl.
Reichsarbeitsgericht, Entscheidungen des. Hrsg. von Mitgliedern des Reichsarbeitsgerichts = RArbG., RArbGEntsch.
Reichsarbeitsgericht und Landesarbeitsgerichte, Entscheidungen der (Flatow/Gerstel/Hueck/Nipperdey). Verlag Bensheimer = BenshSammlgRArbG., RArbGBensh.
Reichsaufsichtsamt für Privatversicherung und dessen Veröffentlichungen = **RAufsAPrivVers.**, RAPVV.
Reichsbesoldungsblatt = RBesBl.
Reichsgericht, Entscheidungen des; besondere Beilage zum Deutschen Reichs- und Preußischen Staatsanzeiger = RGRAnz.
Reichsgerichtsentscheidungen in Strafsachen = RGSt.

Reichsgerichtsentscheidungen in Zivilsachen	= RGZ., RG.
Reichsgesetzblatt	= RGBl.
Reichsgesundheitsamt, Veröffentlichungen des	= RGAV., **RGesAV.**
Reichsmilitärgericht und seine Entscheidungen	= RMG., **RMilG.**
Reichsministerialblatt	= RMBl., RMinBl.
Reichs-Oberhandelsgericht und seine Entscheidungen	= ROHG.
Reichssteuerblatt. Hrsg. vom Reichsfinanzministerium	= RStBl.
Reichsverband der Deutschen Industrie, Mitteilungen der Steuerstelle des	= IndMitt.
Reichsverkehrsblatt	= RVBl., RVerkBl.
Reichsversorgungsblatt	= **RVersorgBl.**, RVBl.
Reichsversorgungsgericht und seine Entscheidungen	= RVG., **RVersorgGer.**
Reichswehrfürsorgeblatt	= RWFürsBl.
Reichszollblatt	= RZollBl.
Rheinisches Archiv für das Zivil- und Kriminalrecht	= RheinArch.
Rheinpreußische Amtsrichterverein, Zeitschrift des	= RheinARV.
Rheinische Zeitschrift für Notare	= RheinNotZ.
Rheinische Zeitschrift für Zivil- und Strafprozeßrecht	= RheinZ.
Ring, hrsg. von, Rechtsprechung in Aufwertungssachen	= **AufwRspr.**, RingAufwRspr., RsprAufw.
Richterzeitung, Deutsche	= DRZ., DRichtZ.
Rundschau, Sammlung gerichtlicher Entscheidungen aus dem Bezirke des Oberlandesgerichts Frankfurt a.M.	= FrankfRdsch.

S.

Sächsisches Archiv für Deutsches bürgerliches Recht	= SächsArch.
Sammlung arbeitsrechtlicher Entscheidungen, hrsg. von der Vereinigung der Deutschen Arbeitgeberverbände	= ArbREntschArbg.
Sammlungen der Entscheidungen und Gutachten des Reichsfinanzhofs	= RFH., RFinH.
Sammlung von Entscheidungen des Oberlandesgerichts München in Gegenständen des Strafrechts u. Strafprozesses	= OLGMünchenSt.
Schiedsgerichtswesen, Jahrbuch des internationalen	= JahrbIntSchGer.
Schleswig-Holsteinischer Anzeiger	= SchlHolstAnz.
Seufferts Archiv für Entscheidungen der obersten Gerichte in den deutschen Staaten	= SeuffArch.
Seufferts Blätter für Rechtsanwendung, zunächst in Bayern	= SeuffBl.
Soergel, Jahrbuch des Zivilrechts, hrsg. von Soergel (Soergels Rechtsprechung)	= SoergRspr.
Soziale Gesetzgebung und Statistik, Archiv für	= ArchSozG.
Soziale Praxis	= SozPr.
Sozialwissenschaften und Sozialpolitik, Archiv für	= ArchSozW.
Sparkasse, Organ des deutschen Sparkassen- und Giro-Verbandes	= SparK.
Speditions- und Schiffahrtszeitung	= SpedSchiffZ.
Städtetages, Mitteilungen des Deutschen	= DStTMitt.

Staats- und Selbstverwaltung, Zeitschrift für Staats- und Kammerverwaltungen = StaatsuSVerw.
Standesamtwesen, Zeitschrift für = StAZ., **StandAZ.**, ZStandA.
Statistik des Deutschen Reichs = RStat.
Statistische Korrespondenz = StatKorr.
Steuerarchiv, Zeitschrift für das gesamte Steuerwesen = StArch.
Steuerblatt, Deutsches = DStBl.
Steuer-Korrespondenz, Deutsche = DStKorr.
Steuerrecht, Jahrbuch des = JStR., **JahrbStR.**
Steuerrundschau, Allgemeine = AStR., **AllgStR.**
Steuerstelle des Reichsverbandes der Deutschen Industrie, Mitteilungen der = IndMitt.
Steuer und Wirtschaft, Zeitschrift = **StW.**, StuW.
Steuer-Zeitung, Deutsche = DStZ.
Steuer-Zeitung, Deutsche, Eildienst = EildDStZ.
Strafrechts-Zeitung, Deutsche = DStrZ.
Striethorst's Archiv = StriethArch.

V.

Vergleichende Rechtswissenschaft und Volkswirtschaftslehre, Blätter für = BlVerglRW.
Vergleichende Rechtswissenschaft und Volkswirtschaftslehre, Jahrbuch der internationalen Vereinigung für = IntVvglRW.
Verhandlungen des Deutschen Industrie- und Handelstages = DIndT.
Verkehrsrechtliche Rundschau = VerkehrsR., VerkRdsch.
Verkehrssteuer-Rundschau, Deutsche = DVerkStR.
Verkehrszeitung, Deutsche = DVerkZ.
Veröffentlichungen des Reichsaufsichtsamts für Privatversicherung = VA., **VAufsAPrVers.**
Veröffentlichungen des Reichsgesundheitsamts = RGAV., **RGesAV.**
Verordnungsblatt = VBl.
Versicherten-Zeitung, Deutsche = DVersZ.
Versicherungs- und Geldwirtschaft. Zeitschrift (früher Mitteilungen für die öffentlichen Feuerversicherungsanstalten). Beihefte: Wirtschaft und Recht der Versicherung, Praxis — Praxis des Versicherungsrechts = VersuGeldw.
Versicherungs-Zeitung, Deutsche = DVersichZ.
Verwaltungsarchiv, Zeitschrift für Verwaltungsrecht und Verwaltungsgerichtsbarkeit = VerwArch.
Verwaltungsblätter, Bayerische = BayVBl.
Verwaltungsrecht, Archiv für = ArchVerwR.
Vierteljahreshefte zur Statistik des Deutschen Reichs = RStatVJH.
Vierteljahreszeitschrift für gerichtliche Medizin und öffentliches Sanitätswesen = VJSchrGerMed.
Vierteljahrszeitschrift, Juristische = JVJSchr.
Volkstümliche Zeitung für praktische Arbeiterversicherung = VZPraktArbVers.
Vormundschaftswesen, Jugendgerichte und Fürsorgeerziehung, Zentralblatt für, = ZBlVorm.

W.

Wallmanns Versicherungszeitschrift	= WallmannZ.
Warneyer, Die Rechtsprechung des Reichsgerichts auf dem Gebiete des Zivilrechts, soweit sie nicht in der amtlichen Sammlung der Entscheidungen des Reichsgerichts abgedruckt ist	= RGWarn., WarnRG., Warneyer.
Weltrecht, Zeitschrift für das Recht des Weltverkehrs und der Friedensverträge	= Weltr.
Wirtschafts-Zeitung, Deutsche	= DWirtschZ.
Wirtschaft und Recht der Versicherung, Zeitschrift	= VersWiuR.
Wochenschrift für Aktienrecht usw., begründet von Holdheim	= HoldheimsW.
Wohlfahrtspflege, Deutsche Zeitschrift für	= DZtschrWohlfPfl.
Wohnungs-Archiv, Deutsches	= DWohnArch.
Württembergische Zeitschrift für Rechtspflege und Verwaltung	= WürttRpflZ., WürttZ.
Württembergisches Archiv für Recht und Rechtsverwaltung	= WürttArch.
Württembergisches Gerichtsblatt	= WürttGerBl.

Z.

Zeitgemäße Steuerfragen	= ZeitgSt.
Zeitschrift der Anwaltskammer im Oberlandesgerichtsbezirk Breslau	= BreslauAK.
Zeitschrift der Anwaltskammer im Oberlandesbezirk Frankfurt a. M.	= FrankfurtAK.
Zeitschrift der Anwaltskammer Hamm	= HammAK.
Zeitschrift der Berufsgenossenschaft	= BerGenZ.
Zeitschrift des Bayerischen statistischen Büros; jetzt Bayerischen Statistischen Landesamts	= BayStatB., ZBayStatLA.
Zentralblatt des Deutschen Landwirtschaftsrats und der Preußischen Haupt- und Landwirtschaftskammer	= DLandK.
Zeitschrift des Deutschen Notarvereins, Deutsche Notariats-Zeitungen	= DNotV.
Zeitschrift des deutschen Vereins f. d. Schutz des gewerblichen Eigentums, Gewerblicher Rechtsschutz und Urheberrecht	= GewRsch.
Zeitschrift des Preußischen Statistischen Büros, jetzt Preußischen Statistischen Landesamts	= ZPrStatB., ZPrStatLA.
Zeitschrift des Sächsischen Statistischen Büros; jetzt Sächsischen Statistischen Landesamts	= ZSächsStatB., ZSächsStatLA.
Zeitschrift des Vereins Deutscher Eisenbahnverwaltungen	= ZVDEV., **ZVDEisenbVerw.**
Zeitschrift für Agrar- und Wasserrecht	= AgrZ., AgrarZ.
Zeitschrift für Aktiengesellschaften	= ZAktGes.
Zeitschrift für das gesamte Aktienwesen	= ZAktW.
Zeitschrift für Badische Verwaltung und Verwaltungsrechtspflege	= BadVerwZ.

Zeitschrift für Bergrecht	= ZBergR.
Zeitschrift für Deutsches Bürgerliches Recht und Französisches Zivilrecht, letzteres soweit es für Deutschland noch praktisch verwendbar ist, begründet von Puchelt	= PucheltsZ.
Zeitschrift für die freiwillige Gerichtsbarkeit und die Gemeindeverwaltung in Württemberg, mit Spruchbeilage	= WürttZ.
Zeitschrift für Gerichtspraxis und Rechtswissenschaft in Deutschland, begründet von Stenglein	= StengleinsZ.
Zeitschrift für Gesellschaftswesen (Gesellschaftsarchiv), jetzt vereinigt mit dem HRZBl.	= ZGesWes.
Zeitschrift für das gesamte Handels- und Konkursrecht, begründet von Goldschmidt	= GoldschmidtsZ., ZHR.
Zeitschrift für Handelswissenschaft und Praxis	= ZHdlWiss.
Zeitschrift für Handelswissenschaft und Handelspraxis, Beiblatt: Der Kaufmann und das Leben	= HWissuHPraxZ., ZfHWissuHPrax.
Zeitschrift für Heimatwesen	= ZHeimW.
Zeitschrift für Industrierecht	= ZIndR.
Zeitschrift für Internationales Recht, begründet von Böhm, jetzt hrsg. von Niemeyer	= BöhmsZ., **NiemeyersZ.**
Zeitschrift für Jagdrecht, Jagdschutz und Jagdwirtschaft	= ZJagdR.
Zeitschrift für deutsche Justizsekretäre	= ZJustSekr.
Zeitschrift für Kirchenrecht	= ZKirchR.
Zeitschrift für Luftrecht	= ZLR., **ZLuftR.**
Zeitschrift für Miete-, Wohnungs- und Grundstücksrecht. Dazu Beilage: Die Wohnungsfrage — Wohnfr.)	= ZMietuWR., ZMietWohnR.
Zeitschrift für das Notariat, für die freiwillige Gerichtsbarkeit und das Grundbuchwesen in Bayern	= BayNotZ.
Zeitschrift für Politik	= ZPolitik, ZPol.
Zeitschrift für ausländisches und internationales Privatrecht	= ZAuslR., AuslRZ., ZAuslRIntPrR.
Zeitschrift für das private und öffentliche Recht der Gegenwart, begründet von Grünhut	= GrünhutsZ.
Zeitschrift für Rechtsgeschichte (der Savigny-Stiftung)	= ZRG., ZRechtsGesch.
Germanistische Abteilung } der Zeitschrift für Rechtsgeschichte	= ZRG. (G.)
Romanistische Abteilung } der Zeitschrift für Rechtsgeschichte	= ZRG. (R.)
Zeitschrift für Rechtspflege in Bayern	= BayRpflZ.
Zeitschrift für Rechtspflege in Braunschweig	= BraunschwZ.
Zeitschrift für Selbstverwaltung	= ZSelbstv., ZSVerw.
Zeitschrift für die gesamte Sozialversicherung i. D. R., Arbeiterversorgung	= ArbVers.
Zeitschrift für gerichtliche Schriftuntersuchung	= ZGerSchrift.
Zeitschrift für vergleichende Rechtswissenschaft	= ZVerglRW.
Zeitschrift für die gesamte Staatswissenschaft	= ZStaatsW.
Zeitschrift für Standesamtwesen	= StAZ., **StandAZ.**, ZStandA.
Zeitschrift für die gesamte Strafrechtswissenschaft	= ZStW.
Zeitschrift für Vermögen, Bilanz und Steuern	= ZVBSt., **ZVermBSt.**

Zeitschrift für Versicherungsrecht und Wissenschaft = ZVersR.
Zeitschrift für Versicherungswesen = ZVersWes.
Zeitschrift für die gesamte Versicherungswissenschaft = ZVersWiss.
Zeitschrift für Verwaltung und Rechtspflege in Oldenburg = OldZ.
Zeitschrift für Völkerrecht und Bundesstaatsrecht = ZVölkR.
Zeitschrift für Volkswirtschaft, Sozialpolitik u. Verwaltung = ZVolksw.
Zeitschrift für Volkswohlfahrt = VolksWZ.
Zeitschrift für Vollstreckungsrecht u. Zustellungswesen = ZVollstrR.
Zeitschrift für den deutschen Zivilprozeß, begründet von Busch = BuschZ., ZZP.
Zeitschrift für Wohnungswesen = ZfW., **ZWohnW.**
Zeitschrift für Zölle = ZZölle
Zeitschrift für Zollwesen und Reichssteuern = ZZollW.
Zentralblatt der Preußischen Verwaltung der Zölle und indirekten Steuern = PrZollZentrBl.
Zentralblatt für das Deutsche Reich = RZBl., ZBlDR.
Zentralblatt für freiwillige Gerichtsbarkeit und Notariats- sowie Zwangsversteigerung = ZBlFG.
Zentralblatt für Handelsrecht, vereinigt mit der „Zeitschrift für Gesellschaftswesen" = HRZBl., ZentrBlHR.
Zentralblatt für Jugendrecht und Jugendwohlfahrt = JJZBl., **JugZentrBl.**
Zentralblatt für die gesamte Unterrichtsverwaltung in Preußen = ZBlU., ZBlUntVerw. (Pr.).
Zentralblatt für Vormundschaftswesen, Jugendgerichte und Fürsorgeerziehung = ZBlVorm.

III. Rechtsquellen.

a) Privatrecht (Materielles Recht und Verfahren).

A.

AbzG. = Gesetz, betr. die Abzahlungsgeschäfte v. 16. V. 1894 (RGBl. S. 450) v. 20. V. 1898 (RGBl. S. 369).
ADHGB. = Allgemeines Deutsches Handelsgesetzbuch von 1861.
AltentÄndG. = Reichsgesetz über die anderweitige Festsetzung von Geldbezügen aus Altenteilsverträgen v. 18. VIII. 1923 (RGBl. I, S. 815).
AnfG. = Gesetz betr. die Anfechtung von Rechtshandlungen eines Schuldners außerhalb des Konkursverfahrens v. 21. VII. 1879, neue Fassung v. 20. V. 1898 (RGBl. S. 709).
ArbGG. = Arbeitsgerichtsgesetz v. 23. XII. 1926 (RGBl. I, S. 507).
ArmAnwGebG., **ArmAnwG.** = Gesetz über die Erstattung von Rechtsanwaltsgebühren in Armensachen v. 6. II. 1923 (RGBl. I. S. 103, 813, 1188), 14. VII. 1928 (RGBl. I, S. 197).
AufsRGBetrR. = Reichsgesetz, betr. Entsendung von Betriebsratsmitgliedern in den Aufsichtsrat v. 15. II. 1922 (RGBl. I, S. 209).
AufwAnmVO. = Verordnung über die Aufforderung zur Anmeldung des Alt-

besitzes von Industrieobligationen, v. 29. VIII. 1925 (RGBl. I, S. 384).

AufwG. = Aufwertungsgesetz v. 16. VII. 1925 (RGBl. I, S. 117).

AufwG., I. DurchfVO. = Durchführungsverordnung zum Aufwertungsgesetz v. 29. X. 1925 (RGBl. I, S. 392).

AufwG., II. DurchfVO. = Verordnung zur weiteren Durchführung des Aufwertungsgesetzes und zur Durchführung des Gesetzes v. 9. VII. 1927, v. 12. IX. 1927 (RGBl. I, S. 299).

AufwGNov., NovAufwG. = Novelle zum Aufwertungsgesetz v. 16. VII. 1925, v. 9. VII. 1927 (RGBl. I, S. 171).

AuslPersStG. = Gesetz betr. die Eheschließung und die Beurkundung des Personenstandes von Bundesangehörigen im Auslande, v. 4. V. 1870 (RGBl. S. 599).

B.

BankG. = Bankgesetz v. 30. VIII. 1924 (RGBl. II, S. 235), geändert durch Gesetz v. 8. VII. 1926 (RGBl. II, S. 355).

BauFG., BauforbG. = Gesetz über die Sicherung der Bauforderungen v. 1. VI. 1909 (RGBl. S. 443).

BeitrO. = Beitreibungsordnung v. 23. VI. 1923 (RMBl. S. 595), 21. XII. 1923 (GGBl. I S. 1238), 19. I. 1927 (RMBl. S. 23).

BernFrachtÜb., JÜ. = Internationales Übereinkommen über den Eisenbahnfrachtverkehr v. 14. X. 1890 (RGBl. 1892, S. 793).

BernKonv. = Übereinkunft betr. die Bildung eines internationalen Verbandes zum Schutze von Werken der Literatur und Kunst v. 9. IX. 1886, revidiert durch Übereinkunft v. 12. VII. 1910.

BernÜbLitK. = Revidiertes Berner Übereinkommen zum Schutze von Werken der Literatur und Kunst v. 13. XI. 1908 (RGBl. 1910, S. 965), Zusatzprotokoll v. 20. III. 1914.

BetrBilG. = Gesetz über die Betriebsbilanz und die Betriebsgewinn- und Verlustrechnung, v. 5. II. 1921 (RGBl. S. 159).

BGB. = Bürgerliches Gesetzbuch für das Deutsche Reich v. 18. VIII. 1896 (RGBl. S. 195).

BHaftG. = Gesetz über die Haftung des Reichs für seine Beamte v. 22. V. 1910 (RGBl. S. 798).

BHaftG. (Pr.) = Gesetz über die Haftung des Staats und anderer Verbände für Amtspflichtverletzungen von Beamten bei Ausübung der öffentlichen Gewalt v. 1. X. 1909 (GS. S. 695).

BinnenSchG., BSchG., BSchiffG. = Binnenschiffahrtsgesetz, Gesetz betr. die privatrechtlichen Verhältnisse der Binnenschiffahrt, v. 15. VII. 1895, neue Fassung v. 20. V. 1898 (RGBl. S. 868).

BörsG., BG. = Börsengesetz v. 8. V. 1908 (RGBl. I, S. 250), geändert durch Gesetz v. 23. XII. 1920, betr. den Devisenterminhandel (RGBl. S. 2317), Gesetz v. 28. XII. 1921 (RGBl. 1922, I, S. 25), Verordnung zur Überleitung des Börsengesetzes in das neue Währungsverhältnis vom 21. III. 1925 (RGBl. I, S. 31).

C.

CPO., ZPO. = Zivilprozeßordnung v. 30. I. 1877, neue Fassung v. 13. V. 1924 (RGBl. I S. 135/437).

D.

DepG., DepotG. = Gesetz betr. die Pflichten der Kaufleute bei Aufbewahrung fremder Wertpapiere v. 5. VII. 1896 (RGBl. S. 183, 194), geändert durch VO. v. 21. XI. 1923 (RGBl. I, S. 1119).

DepositG. = Gesetz über Depot- und Depositengeschäfte v. 26. VI. 1925 (RGBl. I, S. 89).

E.

EBBO., EisBBetrO. = Eisenbahn-Bau- und Betriebsordnung v. 4. XI. 1904 (RGBl. S. 387). Neue Fassung tritt am 1. X. 1928 in Kraft.

EdelMetG. = Gesetz über den Verkehr mit Edelmetallen, Edelsteinen und Perlen v. 11. VI. 1923 (RGBl. I, S. 369), geändert durch Gesetz v. 29. VI. 1926 (RGBl. I, S. 321).

EGBGB., EinfGBGB. = Einführungsgesetz zum Bürgerlichen Gesetzbuch v. 18. VIII. 1896 (RGBl. S. 604).

EichO. = Eichordnung für das Deutsche Reich v. 8. XI. 1911 (RGBl. S. 960), neueste Fassung v. 21. XII. 1927 (RGBl. I, S. 506).

EisenbVerkO., EVO. = Eisenbahn-Verkehrsordnung v. 16. V. 1928 (RGBl. II, S. 401).

EnteigG. = Enteignungsgesetz v. 31. VIII. 1919 (RGBl. 1919, S. 1527).

ErbbVO. = Verordnung über das Erbbaurecht v. 15. I. 1919 (RGBl. I, S. 72).

ErmächtG. = Ermächtigungsgesetz v. 13. X. 1923 (RGBl. S. 943), v. 8. XII. 1923 (RGBl. S. 1179).

EVO., EisenbVerkO. = Eisenbahn-Verkehrs-Ordnung v. 16. V. 1928 (RGBl. II, S. 401).

F.

FernsprO. = Fernsprechordnung v. 15. II. 1927 (ABl. Nr. 16).

FGG. = Gesetz über die Angelegenheiten der freiwilligen Gerichtsbarkeit v. 17. V. 1898, neue Fassung v. 20. V. 1898 (RGBl. S. 771).

FGG. (Pr.) = Gesetz über die Angelegenheiten der freiwilligen Gerichtsbarkeit v. 21. IX. 1899 (GS. S. 249).

FlaggG. = Gesetz, betr. das Flaggenrecht der Kauffahrteischiffe v. 22. VII. 1899 (RGBl. S. 319).

FlößG. = Gesetz, betr. die privatrechtlichen Verhältnisse der Flößerei v. 15. VI. 1895 (RGBl. S. 341/343), geändert durch Gesetz v. 21. XII. 1922 (RGBl. 1923, S. 10).

FundBek. = Bekanntmachung, betr. Ausführungsbestimmungen zu den §§ 980, 981, 983 des BGB. (Vorschriften über die Fundsachen usw. von Reichsbehörden und Reichsanstalten zu erlassenden Bekanntmachungen v. 16. VI. 1898 (RGBl. S. 912).

FunkVO. = Verordnung zum Schutze des Funkverkehrs v. 8. III. 1924 (RGBl. I, S. 273).

G.

GBO., GrBO. = Grundbuchordnung v. 24. III. 1897, neue Fassung v. 20. V. 1898 (RGBl. S. 369).

GebORA., RAGebO. = Gebührenordnung für Rechtsanwälte v. 20. V. 1898 (RGBl. I, S. 692).

GebOZeug., **ZeugGebO.** = Gebührenordnung für Zeugen und Sachverständige in der Fassung v. 21. XII. 1925 (RGBl. I, S. 471).

GebrMustG., GMG. = Gesetz, betr. den Schutz von Gebrauchsmustern v. 1. VI. 1891 (RGBl. S. 290), in der Fassung v. 7. XII. 1923 (RGBl. II, S. 437).

GebOGVollz., **GVollzGebO.**, GVGO. = Gebührenordnung für Gerichtsvollzieher v. 24. VI. 1878, in Fassung der Bekanntmachung v. 14. XII. 1922 (RGBl. I, S. 917).

GenG., GenossG. = Gesetz, betr. die Erwerbs- und Wirtschaftsgenossenschaften v. 1. V. 1889 (RGBl. S. 155), neue Fassung v. 20. V. 1898 (RGBl. S. 810).

GeschAufG., = Geschäftsaufsichtsgesetz (Gesetz über Geschäftsaufsicht zur Abwendung des Konkurses) v. 14. III. 1916 (RGBl. S. 1369), neue Fassung v. 8. II. 1924 (RGBl. I, S. 51), v. 12. VI. 1924 (RGBl. I, S. 641).

GeschmMustG. = Gesetz betr. das Urheberrecht an Mustern und Modellen v. 2. I. 1876 (RGBl. S. 11).

GewGerG., GGG. = Gewerbegerichtsgesetz v. 29. VII. 1890, 30. VI. 1901 (RGBl. S. 249), neue Fassung v. 29. IX. 1901 (RGBl. S. 353).

GKG. = Gerichtskostengesetz, neue Fassung v. 21. XII. 1922 (RGBl. I, S. 12).

GKG. (Pr.) = Gerichtskostengesetz v. 28. X. 1922 (GS. S. 363).

GKO(Württ.). = Gerichtskostenordnung v. 10. XII. 1926 (RegBl. S. 302).

GmbHGes. = Gesetz, betr. die Gesellschaften mit beschränkter Haftung v. 20. IV. 1892 (RGBl. S. 477), neue Fassung v. 20. V. 1898 (RGBl. S. 846).

GMG., **GebrMustG.** = Gesetz, betr. den Schutz von Gebrauchsmustern v. 1. VI. 1891 (RGBl. S. 290), neue Fassung v. 7. XII. 1923 (RGBl. II, S. 437).

GrBO., **GBO.** = Grundbuchordnung v. 24. III. 1897, neue Fassung v. 20. V. 1898 (RGBl. S. 369).

GrSperrG. (Pr.), GrVerkG. (Pr.) = Gesetz über den Verkehr mit Grundstücken v. 10. II. 1923 (GS. S. 25), 24. V. 1923 (GS. S. 160).

GüteVO. = Verordnung über das Verfahren in bürgerlichen Rechtsstreitigkeiten v. 13. II. 1924 (RGBl. I, S. 135).

GVollzGebO., GVGO. = Gebührenordnung für Gerichtsvollzieher v. 24. VI. 1878, neue Fassung v. 20. V. 1898 und 14. XII. 1922 (RGBl. I, S. 917).

H.

HaagEhescheidAbk. = Abkommen zur Regelung des Geltungsbereichs der Gesetze und der Gerichtsbarkeit auf dem Gebiete der Ehescheidung und der Trennung von Tisch und Bett v. 12. VI. 1902 (RGBl. 1904, S. 231).

HaagEheschlAbk. = Abkommen zur Regelung des Geltungsbereichs der Gesetze auf dem Gebiete der Eheschließung v. 12. VI. 1902 (RGBl. 1904, S. 221).

HaagEhewirkAbk. = Abkommen betr. den Geltungsbereich der Gesetze in Ansehung der Wirkung der Ehe auf die Rechte der Ehegatten in ihren persönlichen Beziehungen und auf das Vermögen der Ehegatten v. 17. VII. 1905.

HaagEntmündAbk. = Haager Abkommen über Entmündigung und gleichartige Fürsorgemaßnahmen v. 17. VII. 1905 (RGBl. 1912, S. 463).

HaagIntPrivRAbk. = Gesetz über den Beitritt von Staaten zu dem Haager Abkommen über internationales Privatrecht v. 16. IX. 1924 (RGBl. II, S. 363).

HaagVormundschAbk. = Abkommen zur Regelung der Vormundschaft über Minderjährige v. 12. VI. 1902 (RGBl. 1904, S. 240).

HaagZPrAbk. = Abkommen über den Zivilprozeß v. 17. VII. 1905 (RGBl. 1909, S. 410).

HaftpflG. = Gesetz, betr. die Verbindlichkeit zum Schadensersatz usw. bei dem Betriebe von Eisenbahnen, Bergwerken usw. herbeigeführten Tötungen und Körperverletzungen v. 7. VI. 1871 (RGBl. S. 207).

HinterlegO. (Pr.) = Hinterlegungsordnung v. 27. IV. 1913 (GS. S. 225).

HypBG. = Hypothekenbankgesetz v. 13. VII. 1899 (RGBl. S. 375), 14. VII. 1923 (RGBl. I, S. 635), 26. I. 1926 (RGBl. I, S. 97), 21. XII. 1927 (RGBl. I, S. 491).

I.

IntFrachtÜb., **IÜG.** = Internationales Übereinkommen über den Eisenbahnfrachtverkehr v. 23. X. 1924 (RGBl. 1925, II, S. 183).

IntPersÜb., **IÜP.** = Internationales Übereinkommen über den Eisenbahn-Personen- und Gepäckverkehr v. 23. X. 1924 (RGBl. 1925, II, S. 483).

IÜ., BernFrachtÜb. = Internationales Übereinkommen über den Eisenbahnfrachtverkehr v. 14. X. 1890 (RGBl. 1892, S. 793).

JGG. = Jugendgerichtsgesetz v. 16. II. 1923 (RGBl. I, S. 135).

JugWohlfG., **JWohlfG.**, JWG. = Gesetz für Jugendwohlfahrt v. 9. VII. 1922 (RGBl. S. 633), § 3, Nr. 6.

K.

KabPfG. = Kabelpfandgesetz v. 31. III. 1925 (RGBl. I, S. 37).

KartverfVO. = Verordnung über das Verfahren vor dem Kartellgericht auf Grund der Verordnung gegen Mißbrauch wirtschaftlicher Machtstellungen v. 2. XI. 1923 (RGBl. I, S. 1071).

KartVO. = Verordnung gegen Mißbrauch wirtschaftlicher Machtstellungen v. 2. XI. 1923 (RGBl. I, S. 1967), Berichtigung v. 5. XI. 1923 (RGBl. I, S. 1090) (Kartellverordnung).

KfmGG. = Gesetz, betr. Kaufmannsgerichte v. 6. VII 1904 (RGBl. I, S. 266).

KO. = Konkursordnung v. 10. II. 1877 (RGBl. S. 351), neue Fassung v. 20. V. 1898 (RGBl. 1898, S. 612).

KonsGerG., KonsGG. = Gesetz über die Konsulargerichtsbarkeit v. 7. IV. 1900 (RGBl. S. 213).

KraftfBek. = Bekanntmachung über Kraftfahrzeugverkehr v. 5. VII. 1925 (RMBl. S. 1387), v. 29. XII. 1926 (RMBl. 1927, S. 1), v. 21. VII. 1927 (RMBl. S. 221).

KraftfG. = Gesetz über den Verkehr mit Kraftfahrzeugen v. 3. V. 1909 (RGBl. S. 437).

KraftLinG. = Kraftfahrliniengesetz v. 26. VIII. 1925 (RGBl. I, S. 319).

KraftVerkVO. = Verordnung über Kraftfahrzeugverkehr v. 5. XII. 1925 (RGBl. I, S. 439), v. 28. VII. 1926 (RGBl. I, S. 425).

KunstUG., KunstUrhG. = Gesetz betr. das Urheberrecht an Werken der bildenden Künste und Photographie v. 9. I. 1907 (RGBl. S. 7).

L.

LandwGrVerkBek. = Bekanntmachung über den Verkehr mit landwirtschaftlichen Grundstücken v. 15. III. 1918 (RGBl. I, S. 123).

LandwPachtKredG., PachtKredG. = Gesetz betr. die Ermöglichung der Kapitalkreditbeschaffung für landwirtschaftliche Pächter v. 9. VII. 1926 (RGBl. I, S. 399, 412).

LitUG., LitUrhG. = Gesetz betr. das Urheberrecht an Werken der Literatur und der Tonkunst v. 19. VI. 1901, in der Fassung v. 22. V. 1910 (RGBl. S. 793).

LohnBeschlG. = Gesetz betr. die Beschlagnahme des Arbeits- und Dienstlohns v. 21. VI. 1869 (RGBl. S. 242).

LohnpfVO. = Verordnung über Lohnpfändung v. 25. V. 1919 (RGBl. S. 589, 1921, S. 1657, 1923, I, S. 1186, 1924, I, S. 25, 1926, I, S. 503, 1928, I, S. 45).

LottG., RennwettG. = Rennwett- und Lotteriegesetz v. 8. IV. 1922 (RGBl. I, S. 393), Änderung v. 19. XII. 1923 (RGBl. I, S. 1224).

LuftvG. = Luftverkehrsgesetz v. 1. VIII. 1922 (RGBl. I, S. 681).

M.

MadridHerkBezAbk. = Madrider Abkommen betr. die Unterdrückung falscher Herkunftsangaben auf Waren v. 14. IV. 1891.

MadridRegistrAbk. = Madrider Abkommen über die internationale Registrierung von Fabrik- und Handelsmarken v. 14. IV. 1891.

MEAVerfAnord. = Anordnung der Reichsregierung für das Verfahren vor dem Mietseinigungsamt und der Beschwerdestelle v. 19. IX. 1923 (RGBl. I, S. 885/889).

MietSchG., MSchG. = Gesetz über Mieterschutz und Mieteinigungsämter v. 30. VI. 1926 (RGBl. I, S. 347), 17. III. 1927 (RGBl. I, S. 71), 13. II. 1928 (RGBl. I, S. 17).

N.

NovAufwG., AufwGNov. = Novelle zum Aufwertungsgesetz v. 9. VII. 1927 (RGBl. I, S. 171).

P.

PachtKredG., LandPachtKredG. = Gesetz betr. die Ermöglichung der Kapitalkreditbeschaffung für landwirtschaftliche Pächter v. 9. VII. 1926 (RGBl. I, S. 399, 412).

PachtSchO., PSchO. = Pachtschutzordnung v. 23. VII. 1925 (RGBl. I, S. 152).

PatAnwG., PAG. = Gesetz betr. die Patentanwälte v. 21. V. 1900 (RGBl. S. 233).

PatGebG. = Gesetz über die patentamtlichen Gebühren v. 26. III. 1926 (RGBl. II, S. 881).

PatVerlG. = Gesetz betr. eine verlängerte Schutzdauer bei Patenten und Gebrauchsmustern sowie die Wiedereinsetzung in den vorigen Stand im Verfahren vor dem Reichspatentamt v. 27. IV. 1920 (RGBl. S. 675).

PersStAuslG. = Gesetz betr. die Eheschließung und die Beurkundung des Personenstandes von Bundesangehörigen im Auslande v. 4. V. 1870 mit Änderungen (RGBl. S. 599, 1896, S. 604, 1920, S. 1209).

PersStG., PStG. = Gesetz über die Beurkundung des Personenstandes und die Eheschließung v. 6. II. 1875 (RGBl. S. 23), neueste Zusammenstellung der Bestimmungen, Erlaß v. 2. IX. 1924 (RMBl. S. 406).

PoO., PO. = Postordnung v. 22. XII. 1921 (RGBl. S. 1609).

PostG. = Gesetz über das Postwesen des Deutschen Reichs v. 28. X. 1871 (RGBl. S. 347), neue Fassung v. 13. XII. 1922 (RGBl. I, S. 913).

PostscheckG. = Postscheckgesetz v. 26. III. 1914 in der Fassung v. 22. III. 1921 (RGBl. S. 247), 18. III. 1924 (RGBl. I, S. 287).

PostscheckO. = Postscheckordnung v. 7. IV. 1921 (RGBl. S. 459), v. 16. XII. 1927 (ABl. S. 519).

PoZollO. = Postzollordnung v. 28. I. 1909, geändert durch Verordnung v. 8. I. 1922 (RGBl. I, S. 183), v. 12. V. 1925 (RMBl. S. 335), v. 17. XII. 1925 (RMBl. S. 1443), v. 17. V. 1926 (RMBl. S. 540), v. 17. VI. 1926 (RMBl. S. 825), v. 22. II. 1927 (RMBl. S. 62).

PrivNotBG. = Privatnotenbankgesetz v. 30. VIII. 1924 (RGBl. II, S. 246, 1925, II, S. 114).

PStG., **PersStG.** = Gesetz über die Beurkundung des Personenstandes und die Eheschließung v. 6. II. 1875 (RGBl. S. 23), neueste Zusammenstellung der Bestimmungen, Erlaß v. 2. IX. 1924 (RMBl. S. 406).

R.

RAGebO., GebORA. = Gebührenordnung für Rechtsanwälte v. 20. V. 1898 (RGBl. I, S. 692).

RAGebRWiG. = Anordnung über die Vergütung für die Berufstätigkeit des Rechtsanwalts in dem Verfahren vor dem RWG. v. 6. X. 1920 (RGBl. S. 1716), in der Fassung des § 66 der Entschädigungsordnung v. 30. VII. 1921 (RGBl. S. 1046) und der Verordnung v. 28. II. 1924 (RGBl. I, S. 378).

RAO., RAnwO. = Rechtsanwaltsordnung v. 1. VII. 1978 (RGBl. S. 177) mit zahlreichen Änderungen, zuletzt v. 7. III. 1927 (RGBl. I. S. 71, 29. VI. 1927 (RGBl. II, S. 133).

RayG. = Gesetz betr. die Beschränkung des Grundeigentums in der Umgebung von Festungen v. 21. XII. 1871 (RGBl. S. 459).

RBahnHypG. = Gesetz über hypothekarische Belastung von Reichsbahngrundstücken v. 19. III. 1924 (RGBl. I, S. 285).

RelKindErzG. = Gesetz über die religiöse Kindererziehung v. 15. VII. 1921 (RGBl. S. 939).

RennwG., LottG. = Rennwett- und Lotteriegesetz v. 8. IV. 1922 (RGBl. I, S. 393), Änderung v. 19. XII. 1923 (RGBl. I, S. 1224).

RevBeschrG., RGEntlG. = Gesetz zur Entlastung des Reichsgerichts v. 17. XII. 1926 (RGBl. I, S. 503), 28. III. 1928 (RGBl. I, S. 120).

RHeimstG. = Reichsheimstättengesetz v. 10. V. 1920 (RGBl. S. 962).

RJugWohlfG., RJWohlfG., RJWG. = Reichsgesetz für Jugendwohlfahrt v. 9. VII. 1922 (RGBl. I, S. 633, vgl. JWG.).

RMietG., RMG. = Reichsmietengesetz v. 24. III. 1922 (RGBl. I, S. 273), v. 29. VI. 1926 (RGBl. I, S. 317), v. 10. VII. 1926 (RGBl. I, S. 403), 14. II. 1928 (RGBl. I, S. 21).

RWGVO., RWiGVO. = Verordnung über das Reichswirtschaftsgericht v. 21. V. 1920 (RGBl. S. 1167) in der Fassung v. 30. VII. 1921 (RGBl. S. 1046), v. 13. II. 1924 (RGBl. I, S. 155), v. 31. III. 1928 (RGBl. I, S. 135).

RWiGGebVO. = Verordnung über Gebühren vor dem Reichswirtschaftsgericht v. 13. II. 1924 (RGBl. I, S. 155).

S.

ScheckG. = Scheckgesetz v. 11. III. 1908 (RGBl. S. 71), v. 14. IV. 1914 (RGBl. S. 85).

SchiffBauPfG. = Gesetz über die Bestellung von Pfandrechten an im Bau befindlichen Schiffen v. 4. VII. 1926 (RGBl. I, S. 367).

SchwGoldhypG. = Gesetz über das Abkommen zwischen dem Deutschen Reich und der Schweizerischen Eidgenossenschaft betr. Schweizerische Goldhypotheken in Deutschland und gewisse Arten von Frankenforderungen an deutsche Schuldner v. 19. XII. 1920 (RGBl. S. 2023).

SeenotÜb. = Übereinkunft zur einheitlichen Feststellung von Regeln über die Hilfeleistung und Bergung in Seenot v. 23. IX. 1910 (RGBl. 1913, S. 49, 66, 84).

SeenotG. = Gesetz über den Zusammenstoß von Schiffen sowie über die Bergung und Hilfeleistung in Seenot v. 7. I. 1913 (RGBl. S. 90).

SeeunfUG. = Gesetz betr. die Untersuchung von Seeunfällen v. 27. VII. 1877 (RGBl. S. 549).

U.

UnlWG., UWG. = Gesetz gegen den unlauteren Wettbewerb v. 7. VI. 1909 (RGBl. S. 499).

V.

VerG. = Vereinsgesetz v. 19. IV. 1908 (RGBl. S. 151).

VerglO. = Vergleichsordnung v. 5. VII. 1927 (RGBl. I, S. 139).

VerlG. = Gesetz über das Verlagsrecht v. 19. VI. 1901 (RGBl. S. 217).

VersAufsG., VersUntGes., VUG. = Gesetz über die privaten Versicherungsunternehmungen (Versicherungsaufsichtsgesetz) v. 12. V. 1901 (RGBl. S. 139), geändert durch Gesetz v. 20. XII. 1911 (RGBl. S. 985), v. 24. X. 1912 (RGBl. S. 973), v. 30. XII. 1921 (RGBl. 1922, S. 42), v. 19. VII. 1923 (RGBl. I, S. 684), v. 15. VII. 1926 (RGBl. I, S. 411).

VersVG., **VVG.** = Gesetz über den Versicherungsvertrag v. 30. V. 1908 (RGBl. S. 263).

ViehmängelVO. = Verordnung betr. die Hauptmängel und Gewährfristen beim Viehhandel v. 27. III. 1899 (RGBl. S. 219).

VUG., **VersAufsG.**, VersUntG. = Gesetz über die privaten Versicherungsunternehmungen v. 12. V. 1901 (RGBl. S. 139).

VVG., VersVG. = Gesetz über den Versicherungsvertrag v. 30. V. 1908 (RGBl. S. 263).

W.

WarenZG., **WbzG.**, WZG. = Gesetz zum Schutze der Warenbezeichnungen v. 12. V. 1884, neue Fassung v. 7. XII. 1923 (RGBl. II, S. 437).

WertpZulBek. = Bekanntmachung betr. die Zulassung von Wertpapieren zum Börsenhandel v. 4. VII. 1910 (RGBl. S. 1917), v. 30. XI. 1917 (RGBl. S. 1089), v. 5. XI. 1924 (RGBl. I, S. 735).

WO. = Wechselordnung v. 3. VI. 1908 (RGBl. S. 326).

WohnmangG. = Wohnungsmangelgesetz v. 26. VII. 1923 (RGBl. I, S. 751/754), v. 24. XII. 1923 (RGBl. I, S. 1247).

WZG., WarenzG., **WbzG.** = Gesetz zum Schutze der Warenbezeichnungen v. 12. V. 1884, neue Fassung v. 7. XII. 1923 (RGBl. II, S. 437).

Z.

ZeugGebO., ZGebO., GebOZeug. = Gebührenordnung für Zeugen und Sachverständige in der Fassung v. 21. XII. 1925 (RGBl. I, S. 471).

ZPO., **CPO.** = Zivilprozeßordnung v. 30. I. 1877, neue Fassung v. 13. V. 1924 (RGBl. I, S. 135/437).

ZusAbkSchwGoldhyp. = Gesetz über das Zusatzabkommen zwischen dem Deutschen

Reich und der Schweizerischen Eidgenossenschaft betr. Schweizerische Goldhypotheken in Deutschland und gewisse Arten von Frankenforderungen an deutsche Schuldner v. 23. VI. 1923 (RGBl. II, S. 284), mit bisher 6 Ausführungsbestimmungen.

ZwVerstG., ZVG. = Gesetz über die Zwangsversteigerung und die Zwangsverwaltung v. 24. III. 1897 (RGBl. S. 97 und 135), neue Fassung v. 20. V. 1898 (RGBl. S. 369, 713).

b) Strafrecht und Strafverfahren.

B.

BestechVO. = Verordnung gegen Bestechung und Geheimnisverrat nichtbeamteter Personen v. 3. V. 1917 (RGBl. S. 393), v. 12. II. 1920 (RGBl. S. 230).

E.

EdelMetG. = Gesetz über den Verkehr mit Edelmetallen, Edelsteinen und Perlen v. 11. VI. 1923 (RGBl. I, S. 369), geändert durch Gesetz v. 29. VI. 1926 (RGBl. I, S. 321).

ElektrEntzG. = Gesetz betr. die Bestrafung der Entziehung elektrischer Arbeit v. 9. IV. 1900 (RGBl. S. 228).

F.

FeldFPolG. (Pr.) = Feld- u. Forstpolizeigesetz v. 21. I. 1926 (GS. S. 83).

FreigesprG. = Gesetz betr. die Entschädigung der im Wiederaufnahmeverfahren freigesprochenen Personen v. 20. V. 1898 (RGBl. S. 345).

FunkVO. = Verordnung zum Schutze des Funkverkehrs v. 8. III. 1924 (RGBl. I, S. 273).

G.

GefangUFürsG. = Gesetz betr. die Unfallfürsorge für Gefangene v. 30. VI. 1900 (RGBl. S. 536); neue Fassung durch die Verordnung v. 2. X. 1923 (RGBl. I, S. 928), v. 21. XI. 1924 (RGBl. I, S. 753) und 14. XII. 1923 (RGBl. I, S. 753).

GeschlKrG., GeschlKrankhG. = Gesetz zur Bekämpfung der Geschlechtskrankheiten v. 18. II. 1927 (RGBl. I, S. 61).

GlücksspG. = Gesetz gegen das Glücksspiel v. 23. XII. 1919 (RGBl. S. 2145).

H.

HandelsBeschrVO., HdlBeschrVO. = Verordnung über Handelsbeschränkungen v. 13. VII. 1923 (RGBl. I, S. 706) in der Fassung der Verordnung v. 26. VI. 1924 (RGBl. I, S. 661), des Gesetzes über die Aufhebung der Preistreibereiverordnung und damit zusammenhängender Verordnungen v. 9. VII. 1926, v. 5. VII. 1927 (RGBl. I, S. 134).

J.

ImpfG. = Impfgesetz v. 8. IV. 1874 (RGBl. S. 31).
IntFrauenHÜb. = Internationale Übereinkunft zur Unterdrückung des Frauen- und Kinderhandels v. 30. IX. 1921 (RGBl. 1924, II, S. 180).
IntPhosphAbk. = Internationales Abkommen über das Verbot der Verwendung von weißem (gelbem) Phosphor zur Anfertigung von Zündhölzern v. 26. IX. 1906 (RGBl. 1911, S. 17).
JGG. = Jugendgerichtsgesetz v. 16. II. 1923 (RGBl. I, S. 135).
IrrtVO. = Bekanntmachung über die Verfolgung von Zuwiderhandlungen gegen Vorschriften über wirtschaftliche Maßnahmen v. 18. I. 1917 (RGBl. S. 58) (Irrtumsverordnung).
JugWohlfG., JWohlfG., JWG. = Gesetz für Jugendwohlfahrt v. 9. VII. 1922 (RGBl. S. 633), § 3 Nr. 6.

K.

KraftfG. = Gesetz über den Verkehr mit Kraftfahrzeugen v. 3. V. 1909 (RGBl. S. 437).
KraftfLinG. = Kraftfahrliniengesetz v. 26. VIII. 1925 (RGBl. I, S. 319).
KraftfVerkVO. = Verordnung über Kraftfahrzeugverkehr v. 5. XII. 1925 (RGBl. I, S. 439), v. 28. VII. 1926 (RGBl. I, S. 425).

L.

LebMittG. = Gesetz über den Verkehr mit Lebensmitteln und Bedarfsgegenständen (Lebensmittelgesetz) v. 5. VII. 1927 (RGBl. I, S. 134).
LichtspG. = Lichtspielgesetz v. 12. V. 1920 (RGBl. S. 692).
LottG., RennwG. = Lotteriegesetz (Rennwett- und Lotteriegesetz) v. 8. IV. 1922 (RGBl. I, S. 393), Änderung v. 19. XII. 1923 (RGBl. S. 1224).
LuftvG. = Luftverkehrsgesetz v. 1. VIII. 1922 (RGBl. I, S. 681).

M.

MaßO. = Maß- und Gewichtsordnung v. 30. V. 1908 (RGBl. S. 349).
MietSchG., MSchG. = Gesetz über Mieterschutz und Mietseinigungsämter v. 30. VI. 1926 (RGBl. I, S. 347), mit Änderungen v. 17. III. 1927 (RGBl. I, S. 71) und v. 13. II. 1928 (RGBl. I, S. 17).
MilGerAufhG. = Gesetz betr. die Aufhebung der Militärgerichtsbarkeit v. 17. VIII. 1920 (RGBl. S. 1579).
MilStGB., MStGB. = Militärstrafgesetzbuch für das Deutsche Reich v. 20. VI. 1872 (RGBl. S. 174), neue Fassung v. 16. VI. 1926 (RGBl. I, S. 275).
MilStGBÄndG., MStGBÄndG. = Gesetz betr. Änderung des Militärstrafgesetzbuches und der Militärstrafgerichtsordnung v. 6. II. 1911 (RGBl. S. 31). Änderung v. 14. VII. 1914 (RGBl. S. 247).
MilStGBÄndVO., MStGBÄndVO. = Verordnung betr. die einstweilige Änderung der Militärstrafgesetzordnung, des Einführungsgesetzes dazu und des Militärstrafgesetzbuches v. 5. XII. 1918 (RGBl. S. 1422).

MilStGBMildG., MStGBMildG. = Gesetz betr. Milderungen im Militärstrafgesetzbuche v. 25. IV. 1917 (RGBl. S. 381) und v. 25. VII. 1918 (RGBl. S. 777).

MilStGerO., MilStGO., MStGO. = Militärstrafgerichtsordnung v. 1. XII. 1898 (RGBl. S. 1189).

MünzG. = Münzgesetz v. 3. VIII. 1924 (RGBl. II, S. 254).

N.

NahrMittG., NMG. = Gesetz betr. den Verkehr mit Nahrungsmitteln, Genußmitteln und Gebrauchsgegenständen v. 14. V. 1879 (RGBl. S. 145), s. LebMittGes.

NotG. = Notgesetz v. 24. II. 1923 über Schankkonzession (RGBl. I, S. 147).

P.

PreistrVO., PrTreibVO. = Verordnung über die Preistreiberei in der Fassung v. 6. II. 1924 (RGBl. I, S. 44).

PreßG. = Gesetz über die Presse v. 7. V. 1874 (RGBl. S. 65).

PrisGO. = Prisengerichtsordnung v. 15. IV. 1911 (RGBl. 1914, S. 301), neueste Fassung v. 20. VII. 1917 (RGBl. S. 638).

PrisO. = Prisenordnung v. 30. IX. 1909 (RGBl. 1914, S. 275, 441, 481); neueste Fassung v. 24. IV. 1918 (RGBl. S. 361).

PrTreibVO., **PreistrVO.** = Verordnung gegen Preistreiberei v. 13. VII. 1923, aufgehoben durch Gesetz v. 19. VII. 1926 (RGBl. I, S. 413).

R.

RennwG., LottG. = Rennwett- und Lotteriegesetz v. 8. IV. 1922 (RGBl. I, S. 393), Änderung v. 19. XII. 1923 (RGBl. S. 1224).

RKrimPolG. = Reichskriminalpolizeigesetz v. 21. VII. 1922 (RGBl. I, S. 593).

S.

SchußwG. = Gesetz über Schußwaffen und Munition v. 12. IV. 1928 (RGBl. I, S. 143).

SchmutzSchG. = Gesetz zur Bewahrung der Jugend vor Schmutz- und Schundschriften v. 18. XII. 1926 (RGBl. I, S. 505).

SeenotG. = Gesetz über den Zusammenstoß von Schiffen, sowie über die Bergung und Hilfeleistung in Seenot v. 7. I. 1913 (RGBl. S. 90).

SeeunfUG. = Gesetz betr. die Untersuchung von Seeunfällen v. 27. VII. 1877 (RGBl. S. 549).

SeuchenG. = Gesetz betr. die Bekämpfung gemeingefährlicher Krankheiten v. 30. VI. 1900 (RGBl. S. 306).

SeuchVerhütVO. = Verordnung über die Verhütung von Seuchen v. 20. XI. 1918.

SonntagsrVO. = Verordnung über die Sonntagsruhe im Handelsgewerbe und in Apotheken v. 5. II. 1919 (RGBl. S. 176).

SprengStG. = Gesetz über verbrecherischen und gemeingefährlichen Gebrauch von Sprengstoffen v. 9. VI. 1884 (RGBl. S. 61).

StGB. = Strafgesetzbuch v. 15. V. 1871 (RGBl. S. 40); neue Fassung v. 26. II. 1876 (RGBl. S. 40).

StPO. = Strafprozeßordnung v. 1. II. 1877, in der Fassung v. 22. III. 1924 (RGBl. I, S. 299, 322).

StrandO. = Strandordnung v. 17. V. 1874 (RGBl. S. 73).

StromSchiffPVO. = Strom- und Schiffahrtspolizeiverordnung v. 29. XII. 1922 (RGBl. 1923, II, S. 2), v. 1. IX. 1925 (RGBl. II, S. 137), v. 28. VIII. 1926 (RGBl. 1927, II, S. 8).

StrRegVO. = Strafregisterverordnung v. 21. VI. 1920 (JBl. S. 909), 19. II. 1926 (RMBl. S. 63).

U.

UnedelMetG. = Gesetz über den Verkehr mit unedlen Metallen v. 23. VII. 1926 (RGBl. I, S. 415), geändert durch Gesetz v. 31. III. 1928 (RGBl. I, S. 149).

UnlWG., UWG. = Gesetz gegen den unlauteren Wettbewerb v. 7. VI. 1909 (RGBl. S. 499).

UntersuchEntschG. = Gesetz betr. Entschädigung für unschuldig erlittene Untersuchungshaft v. 14. VII. 1904 (RGBl. S. 321).

UnterwVO. = Verordnung über die Unterwerfung im Strafverfahren v. 1. XI. 1921 (RStBl. S. 385).

UWG., **UnlWG.** = Gesetz gegen den unlauteren Wettbewerb v. 7. VI. 1909 (RGBl. S. 499).

V.

VerG. = Vereinsgesetz v. 19. IV. 1908 (RGBl. S. 151).

VermStrVO. = Verordnung über Vermögensstrafen und Bußen v. 6. II. 1924 (RGBl. I, S. 44).

W.

WarenZG., WZG. = Gesetz zum Schutze der Warenbezeichnungen v. 12. V. 1884, neue Fassung v. 7. XII. 1923 (RGBl. II, S. 437).

WohnmangG. = Wohnungsmangelgesetz v. 26. VII. 1923 (RGBl. I, S. 751/754), v. 24. XII. 1923 (RGBl. I, S. 1247).

c) Staats- und Verwaltungsrecht.

A.

AbgeltVO. = Abgeltungsverordnung v. 21. XI. 1918 (RGBl. S. 1323), v. 4. XII. 1919 (RGBl. S. 2146), v. 16. XII. 1921 (RGBl. S. 1578), 1. XII. 1922 (RGBl. I, S. 897), 24. X. 1923 (RGBl. I, S. 1010).

AltrG. = Altrentnergesetz in der Fassung v. 22. XII. 1927 (RGBl. I, S. 513, 531).

AnlAblG. = Gesetz über die Ablösung öffentlicher Anleihen v. 16. VII. 1925 (RGBl. I, S. 137/348).

AufrSchG. = Gesetz über die durch innere Unruhen verursachten Schäden v. 12. V. 1920 (RGBl. S. 941, 1060).

AuskVO., AuskpflVO. = Verordnung über Auskunftspflicht v. 13. VII. 1923 (RGBl. I, S. 723).

AusgrG. (Pr.) = Ausgrabungsgesetz v. 26. III. 1914 (GS. S. 41).

AuslKredG. = Gesetz über die Aufnahme von Auslandskrediten durch Gemeinden und Gemeindeverbände v. 21. III. 1925 (RGBl. I, S. 27).

AuslPersStG. = Gesetz, betr. die Eheschließung und die Beurkundung des Personenstandes von Bundesangehörigen im Auslande v. 4. V. 1870 (RGBl. S. 599).

AuslSchG. = Auslandsschädengesetz v. 28. VII. 1921 (RGBl. S. 1021), in der Fassung v. 10. VII. 1923 (RGBl. I, S. 591).

AuswG. = Gesetz über das Auswanderungswesen v. 9. VI. 1897 (RGBl. S. 463), Bekanntmachung v. 1. III. 1924 (RMBl. S. 97).

AuswVO. = Verordnung gegen Mißstände im Auswanderungswesen v. 14. II. 1924 (RGBl. I, S. 107), Aenderung des AuswG. v. 9. VI. 1897.

B.

BadVerfG. = Badisches Verfassungsgesetz v. 21. III. 1919 (GVBl. S. 279).

BauFlLinG., FluchtlG. (Pr.) = Preußisches Gesetz betr. die Anlegung und Veränderung von Straßen und Plätzen in ländlichen Ortschaften v. 2 VII. 1875 (GS. S. 561).

BauO. = Bauordnung v. 17. III. 1901 (RGBl. I, S. 687).

BauO. (Württ.) = Bauordnung v. 28. VII. 1910 (RGBl. S. 333).

BaupolO. (Bad.) = Badische Verordnung betr. die Handhabung der Baupolizei und das Wohnungswesen v. 1. IX. 1907.

BayVU. = Verfassungsurkunde des Freistaates Bayern v. 4. VIII. 1919 (GVBl. S. 531).

BBesG. (Bay.) = Beamtenbesoldungsgesetz v. 2. VI. 1920 (GVBl. S. 275).

BDiensteinkG. (Pr.) = Preußisches Gesetz über das Diensteinkommen der unmittelbaren Staatsbeamten v. 17. VIII. 1920/1. IX. 1924 in Fassung v. 13. V. 1924 (GS. S. 487), 9. X. 1924 (GS. S. 621), 5. VI. 1925 (GS. S. 61).

BeamtUFürsG. = Unfallfürsorgegesetz für Beamte und für Personen des Soldatenstandes v. 18. VI. 1901 (RGBl. I, S. 211).

BHaftG. (Pr.) = Gesetz über die Haftung des Staates und anderer Verbände für Amtspflichtverletzungen von Beamten bei Ausübung der öffentlichen Gewalt vom 1. IX. 1909 (GS. S. 695).

BeitrO. = Beitreibungsordnung v. 23. VI. 1923 (RMinBl. S. 595), 19. I. 1927 (RGBl. S. 23).

BergG. (Pr.) = Allgemeines Berggesetz für die preußischen Staaten v. 24. VI. 1865 (GS. S. 705), in Fassung v. 18. VI. 1907 (RS. S. 119).

BesatzgLG. = Besatzungsleistungsgesetz v. 5. IV. 1927 (RGBl. I, S. 83).

BesatzgPersSchG., PBG. = Besatzungspersonenschädengesetz in der Fassung v. 12. IV. 1927 (RGBl. I, S. 103).

BesG., BesoldG. = Besoldungsgesetz v. 16. XII. 1927 (RGBl. I, S. 379).

BBesG., BBesoldG. (Bay.) = Beamtenbesoldungsgesetz v. 2. VI. 1920 (GVBl. S. 275).

BHaftG. = Gesetz über die Haftung des Reichs für seine Beamten v. 22. V. 1910 (RGBl. S. 798).

BHinterblG. = Beamtenhinterbliebenengesetz v. 17. V. 1907 (RGBl. I, S. 245).

BesG., BesoldG. (Pr.) = Preußisches Besoldungsgesetz v. 17. II. 1927 (GS., S. 223).

BPG., **BesatzgPersSchG.** = Besatzungspersonenschädengesetz in der Fassung v. 12. IV. 1927 (RGBl. I, S. 103).

BezO. (Bay.) = Bezirksordnung v. 17. X. 1927 (GVBl. S. 325).

BG., BeamtG. (Bay.) = Beamtengesetz v. 16. VIII. 1908 (GVBl. 581).

BezO. (Württ.) = Bezirksordnung v. 28. VII. 1906 (RegBl. S. 442).

D.

DawesAbk. = s. LondRepG.

DiszGRichtB. (Pr.) = Disziplinargesetz für die richterlichen Beamten v. 7. V. 1851 (GS., S. 218), 26. III. 1856 (GS., S. 201), 9. IV. 1879 (GS. S. 345), 31. VII. 1922 (GS. S. 207).

DiszGNichtrB. (Pr.) = Disziplinargesetz für die nichtrichterlichen Beamten v. 21. VII. 1852 (GS. S. 465), 25. III. 1917 (GS. S. 49), 4. VIII. 1912 (GS. S. 208), 23. XII. 1927 (GS. S. 294).

E.

EinstwRuhstVO. (Pr.) = Verordnung betr. die einstweilige Versetzung der unmittelbaren Staatsbeamten in den Ruhestand v. 26. II. 1919. 17. XII. 1920 (GS. 1921, S. 135/144), geändert durch Gesetz v. 21. XI. 1922 (GS. S. 134), 31. XII. 1922 (GS. 1932, S. 1), 1. IV. 1923 (GS. S. 167), 4. VII. 1923 (GS. S. 301).

EBBO., EisBBetrO. = Eisenbahn-Bau- und Betriebsordnung v. 4. XI. 1904 (RGBl. S. 387). Neue Fassung tritt am 1. X. 1928 in Kraft.

EisBBetrO., EBBO. = Eisenbahnbau- und Betriebsordnung v. 4. XI. 1904 (RGBl. S. 387). (Neue Fassung tritt am 1. X. 1928 in Kraft.)

EisenbAufsG. = Gesetz über die Eisenbahnaufsicht v. 3. I. 1920 (RGBl. S. 13).

EisenbG. (Pr.) = Gesetz über die Eisenbahnunternehmungen v. 30. XI. 1838.

EisenbSignO., ESO. = Eisenbahn-Signalordnung v. 24. VI. 1907 (RGBl. S. 377). Verordnung v. 12. III. 1910 (RGBl. S. 515), v. 23. XII. 1920 (RGBl. 1921, S. 51), v. 16. IX. 1923 (RGBl. II, S. 372/398).

EisenbStaatsv. = Staatsvertrag über den Übergang der Staatseisenbahnen auf das Reich v. 30. IV. 1920 (RGBl. S. 774).

EisenbVerkO., EVO. = Eisenbahn-Verkehrsordnung v. 16. V. 1928 (RGBl. II, S. 401).

EisenbZO., EZO. = Eisenbahn-Zollordnung v. 1. IV. 1913 (Zentralblatt für das Deutsche Reich S. 32).

EnteigG. (Pr.) = Gesetz über die Enteignung von Grundeigentum v. 11. VI. 1874 (GS. S. 221).

EnteigG. = Enteignungsgesetz v. 31. VIII. 1919 (RGBl. S. 1527).
ErmächtG. = Ermächtigungsgesetz v. 13. X. 1923 (RGBl. S. 943), v. 8. XII. 1923 (RGBl. S. 1179).
EtatG. (Bad.) = Etatgesetz v. 22. V. 1882.
EVO., EisenbVerkO. = Eisenbahn-Verkehrs-Ordnung v. 16. V. 1928 (RGBl. II, S. 401).

F.

FAG., **FinAusglG.** = Gesetz über den Finanzausgleich zwischen Reich, Ländern und Gemeinden (Finanzausgleichgesetz) v. 23. VI. 1923 (RGBl. I, S. 494).
FeldFPolG. (Pr.) = Feld- und Forstpolizeigesetz v. 21. I. 1926 (GS. S. 83).
FernsprO. = Fernsprechordnung v. 21. VI. 1924 (ABl. S. 371).
FinAusglG., FAG. = Gesetz über den Finanzausgleich zwischen Reich, Ländern und Gemeinden (Finanzausgleichgesetz) v. 23. VI. 1923 (RGBl. I, S. 494).
FischG. (Pr.) = Fischereigesetz v. 11. V. 1916 (GS. S. 55).
FischG. (Bay.) = Fischereigesetz v. 15. VIII. 1908 (GVBl. S. 527).
FlaggG. = Gesetz, betr. das Flaggenrecht der Kauffahrteischiffe v. 22. VII. 1899 (RGBl. S. 319).
FlaggVO. = Verordnung über die deutschen Flaggen v. 11. IV. 1921 (RGBl. S. 483).
FluchtlG., BauFlLinG. (Pr.) = Gesetz betr. die Anlegung und Veränderung von Straßen und Plätzen in Städten und ländlichen Ortschaften v. 2. VII. 1875 (GS. S. 561) (Fluchtliniengesetz).
FlurBerG. (Bay.) = Flurbereinigungsgesetz v. 5. VIII. 1922 (GVBl. S. 433).
FreizügG. = Gesetz über die Freizügigkeit v. 1. XI. 1867 (RGBl. S. 55).
FürsPflVO. = Verordnung über die Fürsorgepflicht v. 13. II. 1924 (RGBl. I, S. 100).
FunkVO. = Verordnung zum Schutze des Funkverkehrs v. 8. III. 1924 (RGBl. I, S. 273).

G.

GemO. (Württ.) = Gemeindeordnung v. 28. VII. 1906 (RegBl. S. 323).
GemeinhVO. (Pr.) = Gemeinheitsverordnung v. 7. VI. 1921 (GS. S. 53).
GemO., rrh., pf. (Pr.) = rechtsrheinische bzw. linksrheinische (pfälzische) Gemeindeordnung v. 29. VI. 1869 (GBl. 1866/69, S. 865).
GemO. (Bad.) = Gemeindeordnung v. 5. X. 1921.
GemWahlG. (Pr.) = Gemeindewahlgesetz v. 12. II./14. VI. 1924 (GS. S. 99, 556).
GewaltschVO. = Gewaltschädenverordnung v. 28. X. 1923 (RGBl. I, S. 1018).
GO., GewO. = Gewerbeordnung für das Deutsche Reich v. 21. VI. 1869, neue Fassung v. 26. VII. 1900 (RGBl. S. 871).
GolddiskBG. = Gesetz über die Golddiskontbank v. 17. III. 1924 (RGBl. II, S. 71).
GrundschG. = Gesetz betr. die Grundschulen und Aufhebung der Vorschulen v. 28. IV. 1920 (RGBl. S. 851), 26. II. 1927 (RGBl. I, S. 67).

H.

HaagLandkrAbk. = Abkommen, betr. die Gesetze und Gebräuche des Landkriegs v. 18. X. 1907 (RGBl. 1910, S. 107).

HaagNeutrAbk. = Abkommen, betr. die Rechte und Pflichten der neutralen Mächte und Personen im Falle eines Landkriegs v. 18. X. 1907 (RGBl. 1910, S. 151).

HeerMarHintVersG. = Gesetz über die Versorgung der Angehörigen des Reichsheeres und der Marine sowie ihrer Hinterbliebenen v. 4. VIII. 1921 (RGBl. S. 993).

J.

IndBelastG. = Gesetz über die Industriebelastung v. 30. VIII. 1924 (RGBl. II, S. 257), mit bisher 12 Durchführungsverordnungen.

JagdO. (Pr.) = Jagdordnung v. 15. VII. 1907 (GS. S. 207), 19. X. 1922 (GS. S. 308), 12. XI. 1923 (GS. S. 532), 23. XI. 1923 (GS. S. 533), 15. VII. 1924 (GS. S. 577).

JagdG. (Württ.) = Jagdgesetz v. 27. X. 1855 (RegBl. S. 233).

JagdG. (Bad.) = Jagdgesetz v. 2. XII. 1850.

K.

KabPfG. = Kabelpfandgesetz v. 31. III. 1925 (RGBl. I, S. 37).

KapEntschG. = Kapitulantenentschädigungsgesetz, Gesetz über die Entschädigung der infolge der Verminderung der Wehrmacht aus dem Heere, der Marine und den Schutztruppen ausscheidenden Kapitulanten v. 13. IX. 1919 (RGBl. S. 1659).

KolSchG., = Gesetz über den Ersatz von Kriegsschäden in den ehemaligen deutschen Schutzgebieten v. 28. VII. 1921 (RGBl. S. 1031).

KonsGerG., KonsGG. = Gesetz über die Konsulargerichtsbarkeit v. 7. IV. 1900 (RGBl. S. 213).

KonsOrgG. = Gesetz über die Organisation der Bundeskonsulate, sowie die Amtsrechte und Pflichten der Bundeskonsuln v. 8. XI. 1867 (RGBl. S. 137), v. 10. VII. 1879 (RGBl. S. 197).

KraftLinG. = Kraftliniengesetz v. 26. VIII. 1925 (RGBl. I, S. 319).

KraftVerkVO. = Verordnung über den Verkehr mit Kraftfahrzeugen v. 5. XII. 1925 (RGBl. I, S. 439), 28. VII. 1926 (RGBl. I, S. 425).

KrBeschFürsVO. = Verordnung über die soziale Kriegsbeschädigten- und Kriegshinterbliebenenfürsorge v. 8. II. 1919 (RGBl. S. 187).

KommAbG. (Pr.) = Kommunalabgabengesetz v. 14. VII. 1893 (GS. S. 152), mit zahlreichen Abänderungen.

Konk. (Bay.) = Konkordat v. 29. III. 1924 (GVBl. 1925, S. 53).

KrFeststG. = Gesetz über Feststellung von Kriegsschäden im Reichsgebiet v. 3. VII. 1916 (RGBl. S. 675).

KrInvG. = Gesetz betr. Versorgung der Kriegsinvaliden und der Kriegshinterbliebenen v. 31. V. 1901, in der Fassung v. 8. II. 1919 (RGBl. S. 1870).

KrO. (Pr.) = Kreisordnung (für die Provinzen Ost- und Westpreußen, Brandenburg, Pommern, Schlesien und Sachsen) v. 13. XII.

1872 (GS. S. 661), in der Fassung v. 19. III. 1881 (GS. S. 155).

KrO. (Bay.) = Kreisordnung v. 17. X. 1927 (GVBl. S. 335).

KrO. (Bad.) = Kreisordnung v. 19. VI. 1923.

KrPersSchG. = Gesetz über den Ersatz der durch den Krieg verursachten Personenschäden (Kriegspersonenschädengesetz) v. 15. VII. 1922, neue Fassung v. 30. VI 1923 (RGBl. 1923, I, S. 545).

KrProvAbgG. (Pr.) = Kreis- und Provinzialabgabengesetz v. 23. IV. 1906 (GS. S. 159).

KrSchFestG. = Gesetz über Feststellung von Kriegsschäden im Reichsgebiete v. 3. VII. 1916 (RGBl. S. 675).

KrSchSchlG. = Kriegsschädenschlußgesetz, Gesetz zur Regelung der Liquidations- und Gewaltschäden v. 30. III. 1928 (RGBl. I, S. 120).

KVergütG. = Gesetz über die Vergütung von Leistungen für die feindlichen Heere im besetzten Reichsgebiet und über die vereinfachte Abschätzung von Kriegsleistungen für das deutsche Heer v. 2. III. 1919 (RGBl. S. 261).

L.

LebMittG. = Gesetz über den Verkehr mit Lebensmitteln und Bedarfsgegenständen (Lebensmittelgesetz) v. 5. VII. 1927 (RGBl. I, S. 134).

LGemO., LGO. (Pr.) = Landgemeindeordnung für die 7 östlichen Provinzen der Monarchie v. 3. VII. 1891 (GS. S. 233).

LandwGrVerkBek. = Bekanntmachung über den Verkehr mit landwirtschaftlichen Grundstücken v. 15. III. 1918 (RGBl. S. 123).

LiqSchG. = Liquidationsschädengesetz in der Fassung v. 20. XI. 1923 (RGBl. I, S. 1148).

LondRepG. = Gesetz über die Londoner Konferenz v. 30. VIII. 1924 (RGBl. II, S. 289) (Dawes-Abkommen).

LottG. = Lotteriegesetz (Rennwett- und Lotteriegesetz) v. 8. IV. 1922 (RGBl. I, S. 393), Inkraftsetzungsverordnung v. 25. IV. 1922 (RGBl. I, S. 472).

LuftvG. = Luftverkehrsgesetz v. 1. VIII. 1922 (RGBl. I, S. 681).

LVG., LVerwG. (Pr.) = Gesetz über die allgemeine Landesverwaltung v. 30. VII. 1883 (GS. S. 195) mit zahlreichen Änderungen.

LWG., **LWahlG.** (Pr.) = Gesetz über die Wahlen zum preußischen Landtag in der Fassung v. 28. X. 1924 (GS. S. 671) (Landeswahlgesetz).

LWG., **LWahlG.** (Bay.) = Landtagswahlgesetz v. 12. V. 1920 (GVBl. S. 195).

LWG., **LWahlG.** (Bad.) = Gesetz über die Landtagswahlen, das Volksvorschlagsrecht und die Volksabstimmung v. 29. VII. 1920.

LWO., **LWahlO.** (Pr.) = Wahlordnung für den Preußischen Landtag v. 29. X. 1924 (GS. S. 684) (Landeswahlordnung).

LWO., **LWahlO.** (Bay.) = Landtagswahlordnung v. 30. III. 1928 (GVBl. S. 95).

M.

MannVersG., MVG. = Mannschaftsversorgungsgesetz v. 31. V. 1906 (RGBl. S. 593), geändert und ergänzt durch Gesetz v. 3. VIII. 1913 (RGBl. S. 496), Verordnung v. 1. I. 1919 (RGBl. S. 149), Gesetz v. 4. X. 1919 (RGBl. S. 1787) und Gesetz v. 18. VI. 1923 (RGBl. I, S. 385).

MaßO. = Maß- und Gewichtsordnung v. 30. V. 1908 (RGBl. S. 349).

MilHinterblG. = Militärhinterbliebenengesetz v. 17. V. 1907 (RGBl. S. 214).

MünzG. = Münzgesetz v. 3. VIII. 1924 (RGBl. II, S. 254).

MVG., MannVersG. = Mannschaftsversorgungsgesetz v. 31. V. 1906 (RGBl. S. 593), geändert und ergänzt durch Gesetz v. 3. VII. 1913 (RGBl. S. 496), Verordnung v. 1. II. 1919 (RGBl. S. 149), Gesetz v. 4. X. 1919 (RGBl. S. 1787) und Gesetz v. 18. IV. 1923 (RGBl. I, S. 385).

N.

NahrMittG., NMG. = Gesetz betr. den Verkehr mit Nahrungsmitteln, Genußmitteln und Gebrauchsgegenständen v. 14. V. 1879 (RGBl. S. 145).

NEntschR. = Neue Entschädigungsrichtlinien v. 24. XII. 1921 (RZBl. 1922, S. 1), v. 28. II. 1923 (RMBl. S. 214), v. 31. III. 1923 (RMBl. S. 183).

NotstBest. = Bestimmungen über öffentliche Notstandsarbeiten v. 30. IV. 1925 (RGBl. I, S. 53).

NovFinAusglG., FinAusglGNov. = Novelle zum Finanzausgleichsgesetz v. 30. III. 1920 (RGBl. I, S. 402), v. 10. VIII. 1925 (RGBl. I, S. 254), in der Fassung v. 27. IV. 1926 (RGBl. I, S. 203).

O.

OffEG., OffEntschG. = Offiziersentschädigungsgesetz, Gesetz über die Entschädigung der infolge der Verminderung der Wehrmacht aus dem Heere, der Marine und den Schutztruppen ausscheidenden Offiziere und Deckoffiziere v. 13. IX. 1919 (RGBl. S. 1654).

OffPensG. = Gesetz über die Pensionierung der Offiziere einschließlich Sanitätsoffiziere des Reichsheeres, der Kaiserlichen Marine und der Kaiserlichen Schutztruppen v. 31. V. 1906 (RGBl. S. 565), v. 4. X. 1919 (RGBl. S. 1787), v. 18. VI. 1923 (RGBl. I, S. 385), v. 22. VI. 1923 (RGBl. I, S. 513), v. 28. VII. 1925 (RGBl. I, S. 163), v. 21. XII. 1927 (RGBl. I, S. 487).

P.

PaßG. = Gesetz über das Paßwesen v. 12. X. 1867 (RGBl. S. 33), geändert am 1. IV. 1920 (RGBl. S. 465), 24. II. und 5. XI. 1923 (RGBl. I, S. 147, 1077), 27. VI. 1924 (RGBl. I, S. 657).

PEG., **PensErgG.** = Pensionsergänzungsgesetz v. 21. XII. 1920 (RGBl. S. 2109).

PersAbbG. = Personalabbaugesetz v. 4. VIII. 1925 (RGBl. I, S. 181), 27. III. 1926 (RGBl. I, S. 185), 15. VII. 1926 (RGBl. I, S. 411), 28. XII. 1926 (RGBl. I, S. 531), 16. VII. 1927 (RGBl. I, S. 185).

PersAbbVO. = Personalabbauverordnung v. 27. X. 1923 (RGBl. I, S. 999), 28. I. 1924 (RGBl. I, S. 39), 24. XII. 1926 (RGBl. I, S. 532).

PolBG. (Pr.) = Polizeibeamtengesetz v. 31. VII. 1927 (GS. S. 151).

PolVerwG., PVG. (Pr.) = Gesetz über die Polizeiverwaltung v. 11. III. 1850 (GS. S. 265).

PolVerwG., PVG. (Württ.) = Gesetz über die staatliche Polizeiverwaltung v. 24. VIII. 1927 (RegBl. S. 269).

PolG. (Bad.) = Gesetz über die Polizeiverwaltung, das Polizeistrafgesetzbuch und das Polizeistrafverfahren v. 31. I. 1923.

PolKG. (Pr.) = Polizeikostengesetz v. 3. VI. 1908 (GS. S. 149), 6. XI. 1924 (GS. S. 727), 19. III. 1926 (GS. S. 99), 22. IV. 1927 (GS. S. 60).

PoO. PO., = Postordnung v. 22. XII. 1921 (RGBl. S. 1609).

PostG. = Gesetz über das Postwesen des Deutschen Reichs v. 28. X. 1871 (RGBl. S. 347), neue Fassung v. 13. XII. 1922 (RGBl. I, S. 913).

PreßG. = Gesetz über die Presse v. 7. V. 1874 (RGBl. S. 65).

PrisGO. = Prisengerichtsordnung v. 15. IV. 1911 (RGBl. 1914, S. 301), neueste Fassung v. 20. VII. 1917 (RGBl. S. 638).

PrisO. = Prisenordnung v. 30. IX. 1909 (RGBl. 1914, S. 275, 441, 481), neueste Fassung v. 24. IV. 1918 (RGBl. S. 361).

ProvO. (Pr.) = Provinzialordnung für die östlichen Provinzen v. 29. VI. 1875 (GS. S. 335), in der Fassung v. 22. III. 1881 (GS. S. 234).

PrV., PrVerf., PrVU. (Pr.) = Preußische Verfassungsurkunde v. 30. XI. 1920 (GS. S. 543).

PStG., **PersStG.** = Gesetz über die Beurkundung des Personenstandes und die Eheschließung v. 6. II. 1875 (RGBl. S. 23), neueste Zusammenstellung der Bestimmungen, Erlaß v. 2. IX. 1924 (RMBl. S. 406).

PVG., **PolVerwG.** (Pr.) = Gesetz über die Polizeiverwaltung v. 11. III. 1850 (GS. S. 265).

PVG., **PolVerwG.** (Württ.) = Gesetz über die staatliche Polizeiverwaltung v. 24. VIII. 1927 (RegBl. S. 269).

R.

RayG. = Gesetz betr. die Beschränkung des Grundeigentums in der Umgebung von Festungen v. 21. XII. 1871 (RGBl. S. 459).

RBahnG. = Gesetz über die Deutsche Reichsbahn-Gesellschaft v. 30. VIII. 1924 (RGBl. II, S. 272).

RBahnPersG. = Gesetz über die Personalverhältnisse bei der Deutschen Reichsbahn-Gesellschaft v. 30. VIII. 1924 (RGBl. II, S. 287).

RBAnstVO. = Verordnung betr. Anstellung und Zurruhesetzung der Reichsbeamten v. 27. XII. 1918 (RGBl. 1919, S. 18).

RBG. = Reichsbeamtengesetz in der Fassung v. 18. V. 1907 (RGBl. S. 245).

RBesG. = Reichsbesoldungsgesetz v. 16. XII. 1927 (RGBl. I, S. 349).

RennwG. = Rennwett- und Lotteriegesetz v. 8. IV. 1922 (RGBl. I, S. 393), Änderung v. 19. XII. 1923 (RGBl. S. 1224).

RentBVO. = Verordnung über die Errichtung der Deutschen Rentenbank v. 15. X. 1923 (RGBl. I, S. 963).

RepSchG. = Gesetz zum Schutze der Republik v. 21. VII. 1922 (RGBl. S. 585), 31. III. 1926 (RGBl. I, S. 190), 2. VI. 1927 (RGBl. I, S. 125).

RGebAbtrSchädG. = Gesetz über den Ersatz der durch die Abtretung deutscher Reichsgebiete entstandenen Schäden.

RHaushO., RHO. = Reichshaushaltsordnung v. 31. XII. 1922 (RGBl. 1923, II, S. 17).

RKnappschG. = Reichsknappschaftsgesetz in der Fassung v. 1. VII. 1926 (RGBl. I, S. 369), 8. IV. 1927 (RGBl. S. 95).

RKontrG. = Reichskontrollgesetz v. 21. III. 1910 (RGBl. I, S. 521), v. 4. IV. 1915 (RGBl. S. 215), v. 22. III. 1923 (RGBl. II, S. 181).

RKrimPolG. = Reichskriminalpolizeigesetz v. 21. VII. 1922 (RGBl. I, S. 593).

RMinGeschO. = Gemeinsame Geschäftsordnung der Reichsministerien, Bekanntmachung v. 21. XI. 1926 (RMBl. S. 997).

RPoFinG. = Reichspostfinanzgesetz v. 18. III. 1924 (RGBl. I, S. 287), 15. VII. 1926 (RGBl. I, S. 410).

RPrWahlG. = Gesetz über die Wahl des Reichspräsidenten v. 6. III. 1924 (RGBl. I, S. 168), v. 13. III. 1925 (RGBl. I, S. 19).

RRatGeschO. = Geschäftsordnung für den Reichsrat v. 14. XII. 1921 (RBl. S. 976).

RRegGeschO. = Geschäftsordnung der Reichsregierung v. 3. V. 1924 (RMBl. S. 173), v. 14. IV. 1926 (RMBl. S. 119).

RSchuldbG. = Reichsschuldbuchgesetz in der Fassung v. 31. V. 1910 (RGBl. S. 840).

RSiedlG. = Reichssiedlungsgesetz v. 11. VIII. 1919 (RGBl. S. 1429), 18. VIII. 1923 (RGBl. I, S. 805), 8. VII. 1926 (RGBl. I, S. 398).

RStaatsAngG. = Reichs- und Staatsangehörigkeitsgesetz v. 22. VII. 1913 (RGBl. S. 583).

RStimmO. = Reichsstimmordnung, Verordnung über Reichswahlen und Abstimmungen v. 14. III. 1924 (RGBl. I, S. 173), v. 3. XI. 1924 (RGBl. I, S. 726), v. 17. III. 1925 (RGBl. I, S. 21), v. 14. V. 1926 (RGBl. I, S. 224).

RTGeschO. = Geschäftsordnung des Reichstags in der Fassung v. 17. II. 1923 (RGBl. II, S. 101).

RV. = Verfassung des Deutschen Reichs v. 11. VIII. 1919 (RGBl S. 1383).

RVG., **RVersorgG.** = Reichsversorgungsgesetz v. 30. VI. 1923 (RGBl. S. 523).

RWahlG., RWG. = Reichswahlgesetz v. 31. XII. 1923, in der Fassung v. 17. II. 1924 (RGBl. I, S. 159), v. 13. III. 1924 (RGBl. S. 173).

RWiGGebVO. = Verordnung der Gebühren vor dem Reichswirtschaftsgericht v. 13. II. 1924 (RGBl. I, S. 155).

RWGVO., RWiGVO. = Verordnung über das Reichswirtschaftsgericht v. 21. V. 1920 (RGBl. S. 1167), in der Fassung v. 30. VII. 1921 (RGBl. S. 1046), v. 13. II. 1924 (RGBl. I, S. 155), v. 31. III. 1928 (RGBl. I, S. 135).

RWRatVO., RWRVO. = Verordnung über den vorläufigen Reichswirtschaftsrat v. 4. V. 1920 (RGBl. S. 858).

S.

SeestrO. = Seestraßenordnung v. 5. II. 1906 (RGBl. S. 120).

SeeunfUG. = Gesetz betr. die Untersuchung von Seeunfällen v. 27. VII. 1877 (RGBl. S. 549).

SeewStrO., SWO. = Seewasserstraßenordnung, Polizeiverordnung zur Regelung des Verkehrs auf den deutschen Seewasserstraßen v. 31. III. 1927 (RGBl. II, S. 157).

SeuchenG. = Gesetz betr. die Bekämpfung gemeingefährlicher Krankheiten v. 30. VI. 1900 (RGBl. S. 306) (Seuchengesetz).

SeuchenVerhütVO. = Verordnung über die Verhütung von Seuchen v. 20. XI. 1918 (RGBl. S. 1317).

StaatsrVO. (Pr.) = Verordnung über den Staatsrat v. 31. XII. 1925 (GS. 1926, S. 7), 18. II. 1926 (GS. S. 51).

StädteO. (Pr.) = Städteordnung für die 6 östlichen Provinzen der Preußischen Monarchie v. 30. V. 1853 (GS. S. 261), für die Rheinprovinz v. 15. V. 1856 (GS. S. 406).

StGHG. = Staatsgerichtshofgesetz v. 9. VII. 1921 (RGBl. S. 905).

StGHG. (Bay.) = Staatsgerichtshofsgesetz v. 11. VI. 1920 (GVBl. S. 323).

StrandO. = Strandordnung v. 17. V. 1874 (RGBl. S. 73).

StromSchiffPVO. = Strom- und Schiffahrtspolizeiverordnung v. 29. XII. 1922 (RGBl. 1923, II, S. 2), v. 1. IV. 1925 (RGBl. II, S. 137), v. 28. VIII. 1926 (RGBl. 1927, II, S. 8).

SWO., **SeewStrO.** = Seewasserstraßenordnung, Polizeiordnung zur Regelung des Verkehrs auf den deutschen Seewasserstraßen v. 31. III. 1927 (RGBl. II, S. 157).

T.

TelG. = Gesetz über das Telegraphenwesen des Deutschen Reichs v. 6. IV. 1892 (RGBl. S. 467), 3. XII. 1927 (RGBl. I, S. 331).

TelWG. = Telegraphenwegegesetz v. 18. XII. 1899 (RGBl. S. 705), v. 18. X. 1924 (RGBl. I, S. 715).

TumSchGes. = AufrSchGes. (s. dort).

U.

UWG. = Gesetz über den Unterstützungswohnsitz v. 30. V. 1908 (RGBl. S. 381).

V.

VerG. = Vereinsgesetz v. 19. IV. 1908 (RGBl. S. 151).
VerwGebO. (Pr.) = Verwaltungsgebührenordnung v. 30. XII. 1926 (GS. S. 327).
VerwGerG. (Pr.) = Gesetz betr. die Verfassung der Verwaltungsgerichte und Verwaltungsbehörden v. 3. VII. 1875 (GS. S. 375), 2. VIII. 1880 (GS. S. 315).
VerwGerG., VGG. (Bayr.) = Verwaltungsgerichtsgesetz v. 8. VIII. 1878 (GVBl. S. 369).
VerwG. (Bad.) = Gesetz die Organisation der inneren Verwaltung betreffend (Verwaltungsgesetz v. 5. X. 1863) (GuVOBl. S. 29).
VerwRPflG. (Bad.) = Gesetz betr. die Verwaltungsrechtspflege v. 14. VI. 1884.
VerwRPflG. (Württ.) = Gesetz über die Verwaltungsrechtspflege v. 16. XII. 1876 (RegBl. S. 485) mit VO. v. 24. III. 1925 (RegBl. S. 45).
VerwZwVO. (Pr.) = Verordnung betr. das Verwaltungszwangverfahren über Beitreibung von Geldbeträgen v. 15. XI. 1899 (GS. S. 545), 12. IV. 1924 (GS. S. 209), 28. XI. 1924 (GS. S. 741), 31. X. 1925 (GS. S. 153), 16. III. 1926 (GS. S. 103).
VolksbegG. (Pr.) = Gesetz über das Verfahren bei Volksbegehren und Volksentscheiden v. 8. I. 1926 (GS. S. 21).
VolksentschG. = Gesetz über den Volksentscheid v. 27. VI. 1921 (RGBl. S. 790).
VolksschG. (Pr.) = Gesetz betr. Unterhaltung der öffentlichen Volksschulen v. 28. VII. 1906 (GS. S. 335).
VolksschG. (Württ.) = Volksschulgesetz v. 17. VIII. 1909 (RegBl. S. 178).
VolksschLG. (Bay.) = Volksschullehrergesetz v. 14. VIII. 1919 (GVBl. S. 437).

W.

WahlG. (Pr.) = Landeswahlgesetz v. 28. X. 1924 (GS. S. 671).
WahlG. (Bad.) = Gesetz betr. das Landtagswahlrecht und die Volksabstimmung v. 29. VII. 1920.
WahlPrüfG. (Pr.) = Gesetz über die Prüfung der Wahlen zum Landtag und das Wahlprüfungsgericht v. 3. II. 1922 (GS. S. 30), 27. X. 1924 (GS. S. 670).
WahlPrüfO. = Wahlprüfungsordnung v. 8. X. 1920 (RGBl. S. 1773).
WassG. (Pr.) = Wassergesetz v. 7. IV. 1913 (GS. S. 53).
WassG. (Bay.) = Wassergesetz v. 23. III. 1907 (GVBl. S. 157).
WassG. (Württ.) = Wassergesetz v. 1. XII. 1900 (RegBl. S. 921).
WassG. (Bad.) = Wassergesetz in der Fassung v. 8. IV. 1913 (GuVOBl. S. 233).
WehrG. = Wehrgesetz v. 23. III./18. VI. 1921 (RegBl. S. 329, 787).
WürttVerf., WürttVU. = Württembergische Verfassungsurkunde v. 20. V. 1919 (RegBl. S. 85).

Z.

ZustG., ZG. (Pr.) = Gesetz über die Zuständigkeit der Verwaltungs- und Verwaltungsgerichtsbehörden v. 1. VIII. 1883 (S. 237).
ZustVO. (Bay.) = Verordnung betr. die Zuständigkeit der Verwaltungsbehörden in Sachen des Reichs- und Polizeistrafgesetzbuches v. 4. I. 1872.
ZweckverbG. (Pr.) = Zweckverbandsgesetz v. 19. VII. 1911 (GS. S. 115).
ZwEnteigG. (Bay.) = Zwangsenteignungsgesetz v. 17. XI. 1837.

d) Arbeits- und Sozialversicherungsrecht.

A.

AngKündSchG., KündSchGAng. = Gesetz über die Fristen für die Kündigung von Angestellten v. 9. VII. 1926 (RGBl. I, S. 399).

AngVersG., AVG. = Angestelltenversicherungsgesetz, Versicherungsgesetz für Angestellte v. 20. XII. 1911, neue Fassung v. 28. V. 1924 (RGBl. 1924 I, S. 563).

ArbGG. = Arbeitsgerichtsgesetz v. 23. XII. 1926 (RGBl. I, S. 507).

ArbVermG. = Gesetz über Arbeitsvermittlung und Arbeitslosenversicherung v. 16. VII. 1927 (RGBl. I, S. 187).

ArbZG. = Arbeitszeitgesetz (Gesetz zur Abänderung der Arbeitsverordnung v. 21. XII. 1923 (RGBl. I, S. 1249), v. 14. IV. 1927 (RGBl. S. 109).

ArbZVO. = Arbeitszeitverordnung, Verordnung über die Arbeitszeit v 21. XII. 1923 (RGBl. I, S. 1249). Vgl. AusfBestArbZVO

AufsRGBetrR. = Reichsgesetz betr. Entsendung von Betriebsratsmitgliedern in den Aufsichtsrat v. 15. II. 1922 (RGBl. I, S. 209).

AusfBestArbZVO. = Ausführungsbestimmungen v. 17. IX. 1924, zur Verordnung über die Arbeitszeit, Ergänzung der Ausführungsbestimmungen v. 17. IX. 1924 zur Verordnung über die Arbeitszeit v. 29. IV. 1927 (RGBl. 1927, I, S. 114).

AVG., **AngVersG.** = Angestelltenversicherungsgesetz, Versicherungsgesetz für Angestellte v. 25. XII. 1911, neue Fassung v. 28. V. 1924 (RGBl. 1924, I, S. 563).

B.

BauUnfVersG., BauUVG. = Bau-Unfallversicherungsgesetz v. 11. VII. 1887, v. 30. VI. 1900 in der Fassung der Bekanntmachung v. 5. V. 1900 (RGBl. S. 698).

BeamtFürsG., BeamtUFürsG. = Unfallfürsorgegesetz für Beamte und für Personen des Soldatenstandes v. 18. VI. 1901 (RGBl. I, S 211).

BekIntAbkNachtarb. = Bekanntmachung des Reichsministers des Auswärtigen, betr. das am 26. X. 1906 in Bern unterzeichnete Internationale Abkommen über das Verbot der Nachtarbeit der gewerblichen Arbeiterinnen v. 19. VIII. 1921 (RGBl. S. 1255), v. 29. IV. 1922 (RGBl. II, S. 104), v. 5. XII. 1927 (RGBl. II, S. 1124).

BetrRAufsRG. = Gesetz über die Entsendung von Betriebsratsmitgliedern in den Aufsichtsrat v. 15. II. 1922 (RGBl. I, S. 209).

BetrRG., BRG. = Betriebsrätegesetz v. 4. II. 1920 (RGBl. S. 147), Ausführungsverordnungen v. 14. IV. 1920 (RGBl. I, S. 522), v. 7. VII. 1927 (RGBl. I, S. 174), 28. II. 1928 (RGBl. S. 46).

BetrRGWahlO. = Wahlordnung zum Betriebsrätegesetz v. 5. II. 1920 (RGBl. S. 175.)

E.

EisenbZO. EZO. = Eisenbahn-Zollordnung v. 1. IV. 1913 (ZBlDR. S. 32).

ErwlFürsVO. = Erwerbslosenfürsorgeverordnung v. 16. II. 1924 (RGBl. I, S. 127), vgl. ArbVermGes.

EZO., **EisenbZO.** = Eisenbahnzollordnung v. 1. IV. 1913 (Zentralblatt für das Deutsche Reich S. 32).

G.

GewGerG., GGG. = Gewerbegerichtsgesetz v. 29. VII. 1890/30. VI. 1901 (RGBl. S. 249), neue Fassung v. 29. IX. 1901 (RGBl. S. 353).

GewUVG., GUVG. = Gewerbe-Unfallversicherungsgesetz v. 6. VII. 1884, 30. I. 1900, neue Fassung v. 5. VII. 1900 (RGBl. S. 573).

GUVG., **GewUVG.** = Gewerbe-Unfallversicherungsgesetz v. 6. VII. 1884, 30. I. 1900, neue Fassung v. 5. VII. 1900 (RGBl. S. 573).

H.

HausarbG. = Hausarbeitgesetz in der Fassung der Bekanntmachung v. 30. VI. 1923 (RGBl. I, S. 472).

HeimarbLG. = Heimarbeiterlohngesetz v. 27. VI. 1923 (RGBl. I S. 467).

HilfskG. = Gesetz über die eingeschriebenen Hilfskassen v. 20. XII. 1911 (RGBl. S. 985 u. 1912 S. 309).

HKG. (Pr.) = Gesetz über die Handelskammern v. 24. II. 1870 (GS. S. 134), neue Fassung v. 19. VII. 1897 (GS. S. 343).

HypBG. = Hypothekenbankgesetz v. 13. VII. 1899 (RGBl. S. 375).

I.

IntAbkNachtarb. = Internationales Abkommen über das Verbot der Nachtarbeit der gewerblichen Arbeiterinnen v. 26. IX. 1906 (RGBl. 1911, S. 5), dazu Bekanntmachung des Reichsministers des Auswärtigen v. 19. VIII. 1921 (RGBl. II, S. 1255), 29. IV. 1922 (RGBl. II, S. 104) und 5. XII. 1927 (RGBl. II, S. 1124).

IntAbkNachtarbBek. = Bekanntmachung des Reichsministers des Auswärtigen betr. das am 26. IX. 1906 in Bern unterzeichnete Internationale Abkommen über das Verbot der Nachtarbeit der gewerblichen Arbeiterinnen v. 19. VIII. 1921 (RGBl. S. 1255), v. 29. IV. 1922 (RGBl. II, S. 104), 5. XII. 1927 (RGBl. II, S. 1124).

IntArbZÜb. = Internationales (Washingtoner) Abkommen über die Arbeitszeit in gewerblichen Betrieben v. 29. XI. 1919.

IntLandArbÜb. = Genfer Übereinkommen über das Vereins- und Koalitionsrecht der landwirtschaftlichen Arbeiter und über die Entschädigung der Landarbeiter bei Arbeitsunfällen v. 12. XI. 1921 (RGBl. 1925 II, S. 171, 174).

InvVersG. = Invalidenversicherungsgesetz v. 13. VII. 1899, neue Fassung v. 19. VII./24. XII. 1899 (RGBl. S. 463, 721).

K.

KaufmG. = Gesetz betr. Kaufmannsgerichte v. 6. VII. 1904 (RGBl. I, S. 266).

KindSchG. = Kinderschutzgesetz, Reichsgesetz betr. Kinderarbeit in gewerblichen Betrieben v. 30. III. 1903 (RGBl. 113) ergänzt durch Gesetz v. 31. VII. 1925 (RGBl. I S. 162).

KrankSeeVersG. = Gesetz über die Krankenversicherung der Seeleute v. 16. XII. 1927 (RGBl. I, S. 343).

KrankVersG., KVG. = Krankenversicherungsgesetz v. 27. III. 1923 (RGBl. I S 225), v. 10. I. 1925 (RGBl. I, S. 2), v. 16. XII. 1927 (RGBl. I, S. 343).

KrBeschFürsVO. = Verordnung über die soziale Kriegsbeschädigten- und Kriegshinterbliebenenfürsorge v. 8. II. 1919 (RGBl. S. 187).

KriegsInvG. = Gesetz betr. Versorgung der Kriegsinvaliden und der Kriegshinterbliebenen v. 31. V. 1901, in der Fassung v. 8. II. 1919 (RGBl. S. 187).

KVG., **KrankVersG.** = Krankenversicherungsgesetz v. 27. III. 1923 (RGBl. I, S. 225), 10. I. 1925 (RGBl. I, S. 2), 16. XII. 1927 (RGBl. I, S. 343).

KVVO., KrankVVO. = Verordnung über Krankenkassenversicherung v. 9. II. 1919.

KündSchGAng., AngKündSchG. = Gesetz über die Fristen für die Kündigung von Angestellten v. 9. VII. 1926 (RGBl. I, S. 399).

L.

LArbVO. = Verordnung über eine vorläufige Landesarbeitsordnung v. 24. I. 1919 (RGBl. S. 111).

LohnBeschlG. = Gesetz betr. die Beschlagnahme des Arbeits- und Dienstlohnes v. 21. VI. 1869 (RGBl. S. 242).

LohnpfVO. = Verordnung über Lohnpfändung v. 25. VI. 1919 (RGBl. I, S. 589) (Änderungen in RGBl. 1921 S. 1657, 1923 I S. 1186, 1924 I, S. 25, 1926 I, S. 503, 1928 I, S. 45).

LohnstatG., = Gesetz betr. Lohnstatistik v. 27. VII. 1922 (RGBl. I, S. 656).

LohnstatGAusfVO. = Verordnung zur Ausführung des Gesetzes betr. Lohnstatistik v. 14. VII. 1927 (RGBl. I, S. 185).

LwUVG., = Unfallversicherungsgesetz für Land- und Forstwirtschaft v. 5. V. 1886, 30. VI. 1900, neue Fassung v. 5. VII. 1900 (RGBl. S. 346).

M.

MutterschG. = Gesetz über die Beschäftigung vor und nach der Niederkunft (Mutterschutzgesetz) v. 16. VII. 1927 (RGBl. I, S. 184).

N.

NotstBest. = Bestimmungen über öffentliche Notstandsarbeiten v. 30. IV. 1925 (RGBl. I, S. 53).

R.

RVersG., RVersorgG. = Reichsversorgungsgesetz in der Fassung v. 22. XII. 1927 (RGBl. I, S. 515).

RVersO., RVO. = Reichsversicherungsordnung v. 19. VII. 1911 (RGBl. S. 509), neue Fassung v. 15. VII. 1924 (RGBl. I, S. 779).

S.

SeeunfVG. = Seeunfallversicherungsgesetz v. 11. VII. 1887, v. 30. VI. 1900, neue Fassung v. 5. VII. 1900.

SonntagsrVO. = Verordnung über die Sonntagsruhe im Handelsgewerbe und in Apotheken v. 5. II. 1919 (RGBl. S. 176).

SchiedsmO. = Schiedsmannsordnung in der Fassung v. 3. XII. 1924 (GS. S. 751).

SchlichtWVO. = Verordnung über das Schlichtungswesen v. 30. X. 1923 (RGBl. I, S. 1043).

SchwerbeschBeschVO., SchwBeschVO. = Verordnung über die Beschäftigung Schwerbeschädigter v. 9. I. 1919, neue Fassung v. 12. I. 1923 (RGBl. I, S. 87).

StillegVO. = Verordnung betr. Maßnahmen gegenüber Betriebsabbrüchen und Betriebsstillegungen v. 8. XI. 1920 (RGBl. S. 1901) in der Fassung der Verordnung v. 15. XI. 1923 (RGBl. I, S. 983).

StellvermG. = Stellenvermittlungsgesetz v. 2. IV. 1910 (RGBl. S. 860).

T.

TarVO., TVO. = Verordnung über Tarifverträge, Arbeiter- und Angestelltenausschüsse und Schlichtung von Arbeitsstreitigkeiten v. 23. XII. 1918 (RGBl. S. 1456).

U.

UVAbGes., UnfVersAbG. = Gesetz betr. Abänderung der Unfallversicherungsgesetze v. 12. V. 1925 (RGBl. I, S. 69).

V.

VersOVersAVO., VersRVersAVO., VersVersAVO. = Verordnung über Geschäftsgang und Verfahren der Versicherungsämter (der Oberversicherungsämter, des Reichsversicherungsamts) v. 24. XII. 1911 (RGBl. S. 1083, 1095, 1107).

W.

WahlOBetrRG. = Wahlordnung zum Betriebsrätegesetz v. 5. II. 1920 (RGBl. S. 175).

WashÜbArbLos. = Washingtoner Übereinkommen über die Arbeitslosigkeit v. 25. V. 1925 (RGBl. II, S. 162).

e) Wirtschaftsrecht.

A.

AufbringG. = (1.—9. DVO. AufbringG.) = Gesetz zur Aufbringung der Industriebelastung (Aufbringungsgesetz) v. 30. XII. 1924 (RGBl. II, S. 269) mit bisher 9 Durchführungsverordnungen.

AußenhVO. = Verordnung über die Außenhandelskontrolle v. 20. XII. 1919 (RGBl. S. 2128), in der Fassung v. 13. II. 1924 (RGBl. I, S. 71/72).

AuskVO., AuskPflVO. = Verordnung über Auskunftspflicht v. 13. VII. 1923 (RGBl. I, S. 723).

B.

BesatzgsLG. = Besatzungsleistungsgesetz v. 5. IV. 1927 (RGBl. I, S. 83).

BetrBilG. = Gesetz über die Betriebsbilanz und die Betriebsgewinn- und Verlustrechnung v. 5. II. 1921 (RGBl. S. 159).

BörsG., BG. = Börsengesetz v. 8. V. 1908 (RGBl. I, S. 250), geändert durch Gesetz v. 23. XII. 1920, betr. den Devisenterminhandel (RGBl. S. 2317), Gesetz v. 28. XII. 1921 (RGBl. 1922, I, S. 25), Verordnung zur Überleitung des Börsengesetzes in das neue Währungsverhältnis v. 21. III. 1925 (RGBl. I, S. 31).

BPG., **BesatzgsPersSchG.** = Besatzungspersonenschädengesetz v. 17. VII. 1922 (RGBl. I, S. 624), in neuer Fassung v. 12. IV. 1927 (RGBl. I, S. 103).

D.

DemobVO. = Verordnung der Reichsregierung über die Beendigung der wirtschaftlichen Demobilmachung v. 18. II. 1921 (RGBl. I, S. 189).

DepG., DepotG. = Gesetz betr. die Pflichten der Kaufleute bei Aufbewahrung fremder Wertpapiere v. 5. VII. 1896 (RGBl. S. 183, 194), geändert durch VO. v. 21. XI. 1923 (RGBl. I S. 110).

DepositG. = Gesetz über Depot- und Depositengeschäfte v. 26. VI. 1925 (RGBl. I, S. 89).

E.

EdelMetG. = Gesetz über den Verkehr mit Edelmetallen, Edelsteinen und Perlen v. 11. VI. 1923 (RGBl. I, S. 369), geändert durch Gesetz v. 29. VI. 1926 (RGBl. I, S. 321).

EinfuhrVO. = Verordnung über Regelung der Einfuhr v. 16. I. 1917 (RGBl. S. 41), v. 22. III. 1920 (RGBl. S. 334), Gesetz v. 3. V. 1922 (RGBl. I, S. 479) und Verordnung v. 13. II. 1924 (RGBl. I, S. 72).

EisenbVerkO., EVO. = Eisenbahn-Verkehrsordnung v. 23. XII. 1908 (RGBl. 1909, S. 930), neue Fassung v. 16. V. 1928 (RGBl. II, S. 401).

ElektrSozG. = Gesetz betr. die Sozialisierung der Elektrizitätswirtschaft v. 31. XII. 1919 (RGBl. I, 1920, S. 19).

ElektrSchiedsVO. = Verordnung über die schiedsgerichtliche Erhöhung von Preisen bei der Lieferung von elektrischer Arbeit, Gas und Leitungswasser v. 1. II. 1919 (RGBl. S. 135) in der Fassung der Verordnung v. 16. VI. 1922 (RGBl. I, S. 510).

ElektrSchiedsVerfVO. = Verordnung über die Schiedsgerichte für die Erhöhung von Preisen bei der Lieferung von elektrischer und mechanischer Arbeit usw. v. 16. VI. 1922 (RGBl. II, S. 511), v. 28. II. 1923 (RGBl. I, S. 162), v. 28. VII. 1923 (RGBl. I, S. 759).

EnquêteG. = Gesetz über einen Ausschuß zur Untersuchung der Erzeugungs- und Absatzbedingungen der deutschen Wirtschaft v. 15. IV. 1926 (RGBl. I, S. 195).

EVO., EisenbVerkO. = Eisenbahn-Verkehrsordnung v. 16. V. 1928 (RGBl. II, S. 401).

G.

GebVO., RWG. = Verordnung über Gebühren vor dem Reichswirtschaftsgericht v. 13. II, 1924 (RGBl. I S. 155).

GewaltschVO. = Gewaltschädenverordnung v. 28. X. 1923 (RGBl. I, S. 1018).

GolddisкBG. = Gesetz über die Golddiskontbank v. 17. III. 1924 (RGBl. II, S. 71).

H.

HandelsBeschrVO., HdlBeschrVO. = Verordnung über Handelsbeschränkung v. 13. VII. 1923 (RGBl. I, S. 706), in der Fassung der Verordnung v. 26. VI. 1924 (RGBl. I, S. 661), des Gesetzes über die Aufhebung der Preistreibereiverordnung und damit zusammenhängender Verordnungen, v. 9. VII. 1926, v. 5. VII. 1927 (RGBl. I, S. 134).

J.

IndBelastG. = Gesetz über die Industriebelastung v. 30. VIII. 1924 (RGBl. II, S. 257) mit bisher 12 Durchführungsverordnungen.

JÜG. = Internationales Übereinkommen über den Eisenbahnfrachtverkehr v. 23. X. 1924 (RGBl. 1925, II, S. 183).

JÜ., BernFrachtÜb. = Internationales Übereinkommen über den Eisenbahnfrachtverkehr v. 14. X. 1890 (RGBl. 1892, S. 793).

IntPhosphAbk. = Internationales Abkommen über das Verbot der Verwendung von weißem (gelbem) Phosphor zur Anfertigung von Zündhölzern v. 26. IX. 1906 (RGBl. 1911, S. 17).

IntFrachtÜb., JÜG. = Internationales Übereinkommen über den Eisenbahnfracht-

IntPersÜb., JÜP. = Internationales Übereinkommen über den Eisenbahnpersonen- und Gepäckverkehr v. 23. X. 1924 (RGBl. 1925, II, S. 483).

K.

KaliAbsG. = Gesetz über den Absatz von Kalisalzen v. 25. V. 1910 (RGBl. S. 775).

KaliG. = Gesetz über die Regelung der Kaliwirtschaft v. 24. IV. 1919 (RGBl. S. 413), in der Fassung des Gesetzes v. 19. VII. 1919 (RGBl. S. 661).

DVKaliG. = Dazu Durchführungsvorschriften v. 18. VII. 1919 (RGBl. S. 663), abgeändert durch die Verordnungen v. 4. VII. 1921 (RGBl. S. 824), v. 22. X. 1921 (RGBl. S. 1312), v. 14. V. 1923 (RGBl. II, S. 229), v. 28. VI. 1924 (RGBl. II, S. 155), v. 21. XII. 1925 (RGBl. II, S. 1159).

KaliSozG. = Gesetz über die Regelung der Kaliwirtschaft v. 24. IV. 1919 (RGBl. S. 413).

KaliVerfVO. = Verordnung über das Verfahren vor den Kalistellen v. 27. I. 1922 (RGBl. I, S. 197).

KaliWGAusfVO. = Verordnung zur Ausführung der Durchführungsvorschriften zum Kaliwirtschaftsgesetz v. 26. II. 1924 (RGBl. II, S. 44).

KartVerfVO. = Verordnung über das Verfahren vor dem Kartellgericht auf Grund der Verordnung gegen Mißbrauch wirtschaftlicher Machtstellungen v. 2. XI. 1923 (RGBl. I, S. 1071).

KartVO. = Verordnung gegen Mißbrauch wirtschaftlicher Machtstellungen v. 2. XI. 1923 (RGBl. I, S. 1967), Berichtigung v. 5. XI. 1923 (RGBl. I, S. 1090) (Kartellverordnung).

KohlenSozG. = Gesetz über die Regelung der Kohlenwirtschaft v. 23. III. 1919 (RGBl., S. 342).

KohlenVerkVO. = Verordnung über die Regelung des Verkehrs mit Kohlen v. 24. II. 1917 (RGBl. S. 167).

KohlenWiG. = Gesetz über die Regelung der Kohlenwirtschaft v. 23. III. 1919 (RGBl. S. 342), geändert durch Gesetz v. 20. VIII. 1919 (RGBl. S. 1447).

KolSchG. = Gesetz über den Ersatz von Kriegsschäden in den ehemaligen deutschen Schutzgebieten v. 28. VII. 1921 (RGBl. S. 1031).

KrPers.SchG., KPSchG. = Gesetz über den Ersatz der durch den Krieg verursachten Personenschäden (Kriegspersonenschädengesetz) v. 15. VII. 1922, neue Fassung v. 30. VI. 1923 (RGBl. I, S. 545).

KrSchFestG. = Gesetz über Feststellung von Kriegsschäden im Reichsgebiete v. 3. VII. 1916 (RGBl. S. 675).

KrSchSchlG. = Kriegsschädenschlußgesetz, Gesetz zur Regelung der Liquidations- und Gewaltschäden v. 30. III. 1928 (RGBl. I, S. 120).

L.

LiqSchG. = Liquidationsschädengesetz in der Fassung v. 20. XI. 1923 (RGBl. I, S. 1148).

LRentBG. (Pr.) = Landesrentenbankgesetz v. 29. XII. 1927 (GS. S. 283).

LondRepG. = Gesetz über die Londoner Konferenz (Dawes-Abkommen) v. 30. VIII. 1924 (RGBl. II, S. 289).

M.

MaßO. = Maß- und Gewichtsordnung v. 30. V. 1908 (RGBl. S. 349).

P.

PrTreibVO., PreisTrVO. = Verordnung gegen Preistreiberei v. 13. VII. 1923, aufgehoben durch Gesetz v. 19. VII. 1926 (RGBl. I, S. 413).

R.

RAusglG. = Reichsausgleichsgesetz in der Fassung v. 20. XI. 1923 (RGBl. I, S. 1135).

RBahnG. = Gesetz über die Deutsche Reichsbahngesellschaft v. 30. VIII. 1924 (RGBl. II, S. 272).

RentBVO. = Verordnung über die Errichtung der Deutschen Rentenbank v. 15. X. 1923 (RGBl. I, S. 963).

RGebAbtrSchädG. = Gesetz über den Ersatz der durch die Abtretung deutscher Reichsgebiete entstandenen Schäden.

RKontrG. = Reichskontrollgesetz v. 21. III. 1910 (RGBl. I, S. 521), v. 4. IV. 1915 (RGBl. S. 215), v. 22. III. 1923 (RGBl. II, S. 181).

RWG.GebVO. = Verordnung über Gebühren vor dem Reichswirtschaftsgericht v. 13. II. 1924 (RGBl. I, S. 155).

RWGVO., **RWiGVO.** = Verordnungen über das Reichswirtschaftsgericht v. 21. V. 1920 (RGBl. S. 1167), in der Fassung v. 30. VII. 1921 (RGBl. S. 1046), v. 13. II. 1924 (RGBl. I, S. 155), v. 3. III. 1928 (RGBl. I, S. 135).

RWRVO., **RWRatVO.** = Verordnung über den vorläufigen Reichswirtschaftsrat v. 4. V. 1920 (RGBl. S. 858).

S.

SozG. = Sozialisierungsgesetz v. 23. III. 1919 (RGBl. S. 341).

SüßStG. = Süßstoffgesetz v. 8. IV. 1922 (RGBl. I, S. 390), v. 14. VII. 1926 (RGBl. I, S. 409).

Z.

ZündhG. = Gesetz über die Erlaubnispflicht für die Herstellung von Zündhölzern v. 28. V. 1927 (RGBl. I, S. 123).

f) Steuerrecht.

A.

AbgO., **RAbgO.**, RAO. = Abgabenordnung (Reichsabgabenordnung) v. 13. XII. 1919 (RGBl. S. 1993).

AbrVO. = Abrundungsverordnung v. 31. X./21. XII. 1923 (RGBl. I, S. 1049, 1238).

AusglBestG. = Ausgleichsbesteuerungsgesetz v. 12. VI. 1920 (RGBl. I, S. 1195).

B.

BefördStG. = Beförderungssteuergesetz, Gesetz über die Besteuerung des Personen- und Güterverkehrs v. 4. IV. 1917 (RGBl. S. 329), in der Fassung v. 29. VI. 1926 (RGBl. I, S. 357).

BeitrO. = Beitreibungsordnung v. 23. VI. 1923 (RMBl. S. 595), 21. XII. 1923 (RGBl. I, S. 1238), 19. I. 1927 (RGBl. S. 23).

BesStG. = Besitzsteuergesetz v. 3. VII. 1913, neue Fassung v. 26. X. 1922 (vgl. auch RGBl. 1923, I, S. 1205).

BetrStG. = Betriebssteuergesetz, Gesetz über die Besteuerung der Betriebe v. 11. VIII. 1923 (RGBl. I, S. 769).

BierStG. = Biersteuergesetz v. 9. VII. 1923 (RGBl. I, S. 557), mit Änderungen v. 11. VIII. 1923 (RGBl. I, S. 770), 13. II. 1924 (RGBl. I, S. 68), 10. VIII. 1925 (RGBl. I, S. 244), 8. III. 1926 (RGBl. I, S. 151).

BranntwMonG. = Branntweinmonopolgesetz, Gesetz über das Branntweinmonopol v. 8. IV. 1922 (RGBl. I, S. 405), v. 11. VIII. 1923 (RGBl. I, S. 770), VO. v. 13. II. 1924 (RGBl. I, S. 68).

D.

DoppStG. = Doppelsteuergesetz v. 23. III. 1909 (RGBl. S. 331).

E.

EinkStG. = Einkommensteuergesetz v. 29. III. 1920 (RGBl. I, S. 359), v. 24. III./11. VII. 1921 (RGBl. S. 319, 845, 1580), v. 10. VIII. 1925 (RGBl. I, S. 189), 22. XII. 1927 (RGBl. I, S. 485).

EisenbZO., EZO. = Eisenbahn-Zollordnung v. 1. IV. 1913 (ZBlDR. S. 32).

ErbschStG. = Erbschaftssteuergesetz v. 20. VII. 1922 (RGBl. I, S. 695), v. 19. XII. 1923 (RGBl. I, S. 1215), v. 22. VIII. 1925 (RGBl. I, S. 230).

ErgStG. = Ergänzungssteuergesetz.

EVOAbgO. = Einführungs-Verordnung zur RAbgO. v. 18. XII. 1919 (RGBl. S. 2101).

EZO., EisenbZO. = Eisenbahn-Zollordnung v. 1. IV. 1913 (ZBlDR. S. 32).

F.

FAG., **FinAusglG.** = Gesetz über den Finanzausgleich zwischen Reich, Ländern und Gemeinden (Finanzausgleichsgesetz) v. 23. VI. 1923 (RGBl. I, S. 494), in der Fassung v. 27. IV. 1926 (RGBl. I, S. 203).

FinEntlVO. = Verordnung zur Entlastung der Finanzbehörden v. 24. X. 1923 (RGBl. I, S. 994).

G.

GeldEntwAusglG. = Gesetz über Geldentwertungsausgleich bei bebauten Grundstücken in der Fassung der Bekanntmachung v. 1. VI. 1926 (RGBl. I, S. 251).

GeldEntwStG. = Gesetz über die Berücksichtigung der Geldentwertung in den Steuergesetzen v. 20. III. 1923 (RGBl. I, S. 198).

GoldZollVO. = Verordnung über die Zahlung der Zölle in Gold v. 22. III. 1923 (RGBl. I, S. 216).

GrErwStG. = Grunderwerbssteuergesetz v. 12. IX. 1919 (RGBl. S. 1617), neue Fassung v. 11. III. 1927 (RGBl. I, S. 72).

K.

KapErtr.StG. = Kapitalertragssteuergesetz v. 29. III. 1920 (RGBl. S. 345), 10. XI. 1924 (RGBl. I, S. 741), 10. VIII. 1925 (RGBl. I, S. 208 u. 841).

KapVerkStG. = Kapitalverkehrssteuergesetz v. 8. IV. 1922 (RGBl. I, S. 354) 9. VII. 1923 (RGBl. I, S. 155), 10. VIII. 1925 (RGBl. I, S. 241).

KlBetrVO. = Kleinbetragsverordnung v. 3. X. 1922 (RGBl. I, S. 162).

KörpStG. = Körperschaftssteuergesetz v. 20. III. 1920 (RGBl. I, S. 393), v. 10. VIII. 1925 (RGBl. I, S. 208).

KraftfStG. = Kraftfahrsteuergesetz in der Fassung v. 19.V. 1926 (RGBl. I, S. 239).

L.

LandesStG. = Landessteuergesetz v. 30. III. 1920 (RGBl. S. 402).

LeuchtmStG. = Leuchtmittelsteuergesetz v. 8. IV. 1922 (RGBl. I, S. 380), v. 9. VII. 1923 (RGBl. I, S. 567), Aenderungen v. 11. VIII. 1923 (RGBl. I, S. 772), v. 21. XII. 1923 (RGBl. I, S. 1238).

LStG., LandesStG. (Bay.) = Landessteuergesetz v. 1921 (GVBl. S. 361).

LStO., LandesStO. (Württ.) = Landessteuerordnung v. 31. XII. 1925 (RegBl. 1926, S. 7), 55. II. 1927 (RegBl. S. 83).

N.

NotOG. = Gesetz über das Reichsnotopfer v. 31. XII. 1919 (RGBl. I, S. 1205).

NovFinAusglG., FinAusglGNov. = Novelle zum Finanzausgleichsgesetz vom 30. III. 1920 (RGBl. I, S. 402), v. 10. VIII. 1925 (RGBl. I, S. 1254), in der Fassung v. 27. IV. 1926 (RGBl. I, S. 203).

P.

PoZollO. = Postzollordnung v. 28. I. 1909, geändert durch Verordnung v. 8. I. 1922 (RGBl. I, S. 183), v. 12. V. 1925 (RMBl. S. 335), v. 17. XII. 1925 (RMBl. S. 1443), v. 17. V. 1926 (RMBl. S. 540), v. 17. VI. 1926 (RMBl. S. 825), v. 22. II. 1927 (RMBl. S. 62).

R.

RAO., **RAbgO.** = Reichsabgabenordnung v. 13. XII. 1919 (RGBl. S. 1993).

RBewertG., RBewG. = Reichsbewertungsgesetz v. 10. VIII. 1925 (RGBl. I, S. 214).

RelStG. (Bay.) = Religionsgesellschaftliches Steuergesetz in der Fassung v. 1. VIII. 1923 (GVBl. S. 351).

RFHG., RFinHG. = Gesetz über die Errichtung eines Reichsfinanzhofes und über die Reichsaufsicht für Zölle und Steuern v. 26. VII. 1928 (RGBl. S. 959).

RStempG. = Reichsstempelgesetz v. 3. VII. 1913 (RGBl. S. 639).

S.

SchaumwStG. = Schaumweinsteuergesetz v. 31. III. 1926 (RGBl. I, S. 188).
SchenkStG. = Schenkungssteuergesetz, s. Erbschaftssteuergesetz.
StMildG. = Gesetz über Steuermilderungen v. 31. III. 1926 (RGBl. I, S. 185).
StNachsG. = Gesetz über Steuernachsicht v. 3. I. 1920 (RGBl. S. 45, 279).
StNotVO. = 1. Steuernotverordnung v. 7. XII. 1923 (RGBl. I, S. 1177).
2. " v. 19. XII. 1923 (RGBl. I, S. 1205).
3. " v. 14. II. 1924 (RGBl. I, S. 74).
StUebLG. = Steuerüberleitungsgesetz v. 29. V. 1925 (RGBl. I, S. 75).
StundO. = Stundungsordnung v. 29. I. 1923 (RGBl. I, S. 75).
StZinsG. = Steuerzinsgesetz v. 11. VIII. 1923 (RGBl. I, S. 774).

T.

TabStG. = Tabaksteuergesetz v. 8. IV. 1922 (RGBl. I, S. 384, 480).

U.

UmsStG. = Umsatzsteuergesetz v. 24. XII. 1919 (RGBl. S. 2157), in der Fassung v. 8. V. 1926 (RGBl. I, S. 218).
UnterwVO. = Verordnung über die Unterwerfung im Strafverfahren v. 1. XI. 1921 (RStBl. S. 385).

V.

VergnStO. = Vergnügungssteuerordnung v. 12. VI. 1926 (RGBl. I, S. 262).
VermStG. = Vermögenssteuergesetz v. 8. IV. 1922 (RGBl. I, S. 335), v. 10. VIII. 1925 (RGBl. I, S. 233).
VermZuwStG., VermZStG. = Vermögenszuwachssteuergesetz v. 8. IV. 1922 (RGBl. I, S. 400).

W.

WZuwStG., ZuwStG. = Wertzuwachssteuergesetz v. 14. II. 1911. (RGBl. S. 33).

g) Internationales Recht.

A.

AGHaagZPrAbk., AusfGesHaagZPrAbk. = Gesetz v. 17. VII. 1905 zur Ausführung des Abkommens über den Zivilprozeß v. 5. IV. 1909 (RGBl. S. 430).

B.

BernFrachtÜb., IÜ. = Internationales Übereinkommen über den Eisenbahnfrachtverkehr v. 14. X. 1890 (RGBl. 1892, S. 793).
BernKonv. = Übereinkunft betr. die Bildung eines internationalen Verbandes zum Schutze von Werken der Literatur und Kunst v. 9. IX. 1886, revidierte Übereinkunft v. 12. VII. 1910.
BernÜbLitK. = Revidiertes Berner Übereinkommen zum Schutze von Werken der Literatur und Kunst v. 13. XI. 1908 (RGBl. 1910, S. 965), Zusatzprotokoll v. 20. III. 1914.

E.

ElbschA. = Elbschiffahrtsakte v. 22. II. 1922 (RGBl. 1923 II S. 183), Zusatzübereinkommen v. 27. I. 1923 (RGBl. II, S. 485).

F.

FrV., FV., VV. = Friedensvertrag von Versailles v. 28. VI. 1919 (RGBl. S. 687).

H.

HaagEhescheidAbk. = Abkommen zur Regelung des Geltungsbereichs der Gesetze und der Gerichtsbarkeit auf dem Gebiete der Ehescheidung und der Trennung von Tisch und Bett v. 12. VI. 1902 (RGBl. 1904, S. 231).

HaagEheschlAbk. = Abkommen zur Regelung des Geltungsbereichs der Gesetze auf dem Gebiete der Eheschließung v. 12. VI. 1902 (RGBl. 1904, S. 221).

HaagEhewirkAbk. = Haager Abkommen betr. den Geltungsbereich der Gesetze in Ansehung der Wirkung der Ehe auf die Rechte der Ehegatten in ihren persönlichen Beziehungen und auf das Vermögen der Ehegatten v. 17. VII. 1905.

HaagEntmündAbk. = Haager Abkommen über Entmündigung und gleichartige Fürsorgemaßnahmen v. 17. VII. 1905 (RGBl. 1912 S. 463).

HaagIntPrivRAbk. = Gesetz über den Beitritt von Staaten zu dem Haager Abkommen über internationales Privatrecht v. 16. IX. 1924 (RGBl. II, S. 363).

HaagLandkrAbk. = Haager Abkommen betr. die Gesetze und Gebräuche des Landkriegs v. 18. X. 1907 (RGBl. 1910, S. 107).

HaagNeutrAbk. = Haager Abkommen betr. die Rechte und Pflichten der neutralen Mächte und Personen im Falle eines Landkriegs v. 18. X. 1907 (RGBl. 1910, S. 151).

HaagVormundschAbk. = Haager Abkommen zur Regelung der Vormundschaft über Minderjährige v. 12. VI. 1902 (RGBl. 1904, S. 240).

HaagZPrAbk. = Haager Abkommen über den Zivilprozeß v. 17. VII. 1905 (RGBl. 1909, S. 410).

I.

IntAbkNachtarb. = Internationales Abkommen über das Verbot der Nachtarbeit der gewerblichen Arbeiterinnen v. 26. IX. 1906 (RGBl. 1911, S. 5), dazu Bekanntmachung des Reichsministers des Auswärtigen v. 19. VIII. 1921 (RGBl. II, S. 1255), 29. IV. 1922 (RGBl. II, S. 104), und 5. XII. 1927 (RGBl. II, S. 1124).

IntAbkNachtarbBek. = Bekanntmachung des Reichsministers des Auswärtigen betr. das am 26. IX. 1906 in Bern unterzeichnete Internationale Abkommen über das Verbot der Nachtarbeit der gewerblichen Arbeiterinnen v. 19. VIII. 1921 (RGBl. S. 1255), v. 29. IV. 1922 (RGBl. II, S. 114), v. 5. XII. 1927 (RGBl. II, S. 1124).

IntArbZÜb. = Internationales (Washingtoner) Abkommen über die Arbeitszeit in gewerblichen Betrieben v. 29. XI. 1919.

IntFrachtÜb., **IÜG.** = Internationales Übereinkommen über den Eisenbahnfrachtverkehr v. 23. X. 1924 (RGBl. 1925, II, S. 183).

IntFrauenHÜb. = Internationale Übereinkunft zur Unterdrückung des Frauen- und Kinderhandels v. 30. IX. 1921 (RGBl. 1924, II, S. 180).

IntFunkVertr., IntFunkTelVertr. = Londoner Internationaler Funktelegraphenvertrag v. 5. VI. 1912 (RGBl. 1913, S. 373).

IntLandArbÜb. = Genfer Übereinkommen über das Vereins- und Koalitionsrecht der landwirtschaftlichen Arbeiter und über die Entschädigung der Landarbeiter bei Arbeitsunfällen v. 12. XI. 1921 (RGBl. 1925, II, S. 171, 174.

IntMetKonv. = Internationale Meterkonvention v. 20. V. 1875, 6. X. 1921 (RGBl. 1927, II, S. 409.)

IntOpAbk. = Internationales Opiumabkommen v. 23. I. 1912 (RGBl. 1921, S. 6).

IntPersÜb., **IÜP.** = Internationales Übereinkommen über den Eisenbahn-Personen- und Gepäckverkehr v. 23. X. 1924 (RGBl. 1925, II, S. 483).

IntPhosphAbk. = Internationales Abkommen über das Verbot der Verwendung von weißem (gelbem) Phosphor zur Anfertigung von Zündhölzern v. 26. IX. 1906 (RGBl. 1911, S. 17).

IntReblKonv. = Internationale Reblaus-Konvention v. 3. XI. 1881 (RGBl. 1882, S. 185).

IntZollverÜb. = Internationale Übereinkunft zur Vereinfachung der Zollförmlichkeiten v. 3. XII. 1923, Gesetz v. 23. VII. 1925 (RGBl. II, S. 672).

FÜG., IntFrachtÜb. = Internationales Übereinkommen über den Eisenbahnfrachtverkehr v. 23. X. 1924 (RGBl. 1926, II, S. 183).

IÜP., IntPersÜb. = Internationales Übereinkommen über den Eisenbahn-Personen- und Gepäckverkehr v. 23. X. 1924 (RGBl. 1925, II, S. 483).

K.

KonsGerGes., KonsGG. = Gesetz über die Konsulargerichtsbarkeit v. 7. IV. 1900 (RGBl. S. 213).

KonsOrgG. = Gesetz über die Organisation der Bundeskonsulate, sowie die Amtsrechte und Pflichten der Bundeskonsuln v. 8. XI. 1867 (RGBl. S. 137), v. 10. VII. 1879 (RGBl. S. 197).

KrVergütG. = Gesetz über die Vergütung von Leistungen für die feindlichen Heere im besetzten Reichsgebiet und über die vereinfachte Abschätzung von Kriegsleistungen für das deutsche Heer v. 2. III. 1919.

IÜP., IntPersÜb. = Internationales Übereinkommen über den Eisenbahn- Personen- und Gepäckverkehr v. 23. X. 1924 (RGBl. 1925, II, S. 453).

M.

MadridHerkBezAbk. = Madrider Abkommen betr. die Unterdrückung falscher Herkunftsangaben auf Waren v. 14. IV. 1891.

MadridRegistrAbk. = Madrider Abkommen über die internationale Registrierung von Fabrik- und Handelsmarken v. 14. IV. 1891.

P.

PrisGO. = Prisengerichtsordnung v. 30. IX. 1911 (RGBl. 1914, S. 301), neueste Fassung v. 20. VII. 1917 (RGBl. S. 638).

PrisO. = Prisenordnung v. 30. IX. 1909 (RGBl. 1914, S. 275, 441, 481), neueste Fassung v. 24. IV. 1918 (RGBl. S. 361).

R.

RAusglG. = Reichsausgleichsgesetz in der Fassung v. 20. XI. 1923 (RGBl. I, S. 1135).

RheinSchA. (Pr.) = Revidierte Rheinschiffahrtsakte (Mannheimer Abkommen) v. 17. X. 1868 (GS. 1869, S. 798).

S.

SeenotÜb. = Übereinkunft zur einheitlichen Feststellung von Regeln über die Hilfeleistung und Bergung in Seenot v. 23. IX. 1910 (RGBl. 1913, S. 49, 66, 84).

SchwGoldhypG. = Gesetz über das Abkommen zwischen dem Deutschen Reich und der Schweizerischen Eidgenossenschaft betr. Schweizerische Goldhypotheken in Deutschland und gewisse Arten von Frankenforderungen an deutsche Schuldner v. 19. XII. 1920 (RGBl. S. 2023).

W.

WashÜbArblos. = Washingtoner Übereinkommen über die Arbeitslosigkeit v. 25. V. 1925 (RGBl. II, S. 162).

Z.

ZusAbkSchwGoldhyp. = Gesetz über das Zusatzabkommen zum Abkommen zwischen dem Deutschen Reich und der Schweizerischen Eidgenossenschaft betr. Schweizerische Goldhypotheken in Deutschland und gewisse Arten von Frankenforderungen an deutsche Schuldner v. 23. VI. 1923 (RGBl. II, S. 284), mit bisher 6 Ausführungsbestimmungen.

h) Landesrechte.

1. Preußisches Recht.

A.

AGBGB. (Pr.) = Ausführungsgesetz zum BGB. v. 20. IX. 1899 (GS. S. 177).

ALR. = Preußisches Allgemeines Landrecht v. 1. VI. 1794.

AltentÄndVO. = Verordnung über die anderweitige Festsetzung von Geldbezügen aus Altenteilsverträgen und von Versorgungsansprüchen bei Stammgütern und Familienfideikommissen v. 8. IX. 1923 (GS. S. 433).

AltersgrG. = Gesetz betr. die Einführung einer Altersgrenze v. 15. II. 1920 (GS. S. 621).

AusgrG. = Ausgrabungsgesetz v. 26. III. 1914 (GS. S. 41).

B.

BauFlLinG., FluchtlG. = Gesetz betr. die Anlegung und Veränderenng von Straßen und Plätzen in Städten und ländlichen Ortschaften v. 2. VII. 1875 (GS. S. 561).

BDiensteinkG. = Gesetz über das Diensteinkommen der unmittelbaren Staatsbeamten v. 17. XII. 1920/1. X. 1924 in Fassung v. 13. V. 1924 (GS. S. 487), 9. X. 1924 (GS. S. 621),5. VI. 1925 (GS. S. 61).

BeamtWohnAO. = Anordnung betr. Unterbringung versetzter Beamter und Reichswehrangehöriger v. 16. VI. 1923 (GS. S. 288).

BergG. = Allgemeines Berggesetz für die preußischen Staaten v. 24. VI. 1865 (GS. S. 705) in Fassung v. 18. VI. 1907 (GS. S. 119).

BesG., BesoldG. = Besoldungsgesetz v. 17. XII. 1927 (GS. S. 223).

BHaftG. = Gesetz über die Haftung des Staates und anderer Verbände für Amtspflichtverletzungen von Beamten bei Ausübung der öffentlichen Gewalt v. 1. IX. 1909 (GS. S. 695).

D.

DienstvergG. = Gesetz betr. die Dienstvergehen der nichtrichterlichen Beamten v. 21. VII. 1852 (GS. S. 465), v. 4. VIII. 1922 (GS. S. 208).

DiszGRichtB. = Disziplinargesetz für die richterlichen Beamten v. 7. V. 1851 (GS. S. 318), 26. III. 1856 (GS. S. 201), 9. IV. 1879 (GS. S. 345), 31. VII. 1922 (GS. S. 207).

DiszGNichtrichtB. = Disziplinargesetz für die nichtrichterlichen Beamten v. 21. VII. 1852 (GS. S. 465), 25. III. 1917 (GS. S. 49), 4. VIII. 1922 (GS. S. 208), 23. XII. 1927 (GS. S. 294).

E.

EinstwRuhestVO. = Verordnung betr. die einstweilige Versetzung der unmittelbaren Staatsbeamten in den Ruhestand v. 26. II. 1919, 17. XII. 1920 (GS. 1921, S. 135, 144).

EisenbG. = Gesetz über die Eisenbahnunternehmungen v. 30. XI. 1838.

EnteigG. = Gesetz über die Enteignung von Grundeigentum v. 11. VI. 1874 (GS. S. 221).

F.

FamGAuflösVO., ZwAuflVOFamG. = Verordnung über Auflösung der Familiengüter v. 10. III. 1919 (GS. S. 39), neue Fassung v. 30. XII. 1920 (GS. 1921, S. 77); Ergänzungsgesetz v. 7. I. 1922 (GS. S. 5).

FeldFPolG. = Feld- und Forst-Polizeigesetz v. 21. I. 1926 (GS. S. 83).
FGG. = Gesetz über die Angelegenheiten der freiwilligen Gerichtsbarkeit v. 21. IX. 1899 (GS. S. 249).
FischG. = Fischereigesetz v. 11. V. 1916 (GS. S. 55).
FluchtlG., BauFlLinG. = Gesetz betr. die Anlegung und Veränderung von Straßen und Plätzen in Städten und ländlichen Ortschaften v. 2. VII. 1875 (GS. S. 561).
FlurBerG. = Flurbereinigungsgesetz v. 5. VIII. 1922 (GS. S. 433).

G.

GBO., GrBO. = Grundbuchordnung v. 13. XI. 1899 (GS. S. 519).
GemeinhO. = Gemeinheitsteilungsordnung v. 7. VI. 1821 (GS. S. 53).
GemO., rrh., pf. = rechtsrheinische bzw. linksrheinische (pfälzische) Gemeindeordnung v. 29. VI. 1869 (GS. S. 865/1009).
GemWahlG. = Gemeindewahlgesetz, Gesetz über die vorläufige Regelung der Gemeindewahlen v. 12. II. 1924 (GS. S. 99), Änderungen und Ergänzungen v. 14. VI. 1924 (GS. S. 556), v. 24. VII. 1924 (GS. S. 591), v. 31. XII. 1926 (GS. S. 367).
GKG. = Gerichtskostengesetz v. 28. X. 1922 (GS. S. 363).
GrBO., GBO. = Grundbuchordnuug v. 13. XI. 1899 (GS. S. 519).
GrSperrG., GrVerkG. = Gesetz über den Verkehr mit Grundstücken v. 10. II. 1923 (GS. S. 25), 24. V. 1923 (GS. S. 160).

H.

HKG. = Gesetz über die Handelskammer v. 24. II. 1870 (GS. S. 134), neue Fassung v. 19. VIII. 1897 (GS. S. 343).

J.

JagdO. = Jagdordnung v. 15. VII. 1907 (GS. S. 207).

K.

KanzlO. = Kanzleiordnung v. 18. III. 1925 (JMBl. S. 106).
KleinBG. = Kleinbahngesetz, Gesetz v. 28. VII. 1892 (GS. S. 225).
KommAbgG. = Kommunalabgabengesetz v. 14. VII. 1893 (GS. S. 152) mit zahlreichen Änderungen.
KompKonflVO. = Verordnung betr. die Verfassung der Verwaltungsgerichte und der Verwaltungsstreitverfahren v. 1. VIII. 1879 (GS. S. 573), v. 22. V. 1902 (GS. S. 145).
KrO. = Kreisordnung (für Provinzen Ost- und Westpreußen, Brandenburg, Pommern, Schlesien und Sachsen) v. 13. XII. 1872, in der Fassung des Gesetzes v. 19. III. 1881 (GS. S. 155).
KrProvAbgGes. = Kreis- und Provinzialabgabengesetz v. 23. IV. 1906 (GS. S. 159).

L.

LVG., LVerwG. = Gesetz über die allgemeine Landesverwaltung v. 30. VII. 1883 (GS. S. 195) mit zahlreichen Änderungen.

LGemO., LGO. = Landgemeindeordnung für die 7 östlichen Provinzen der Monarchie v. 3. VII. 1891 (GS. S. 233).

LWG., **LWahlG.**, WahlG. = Gesetz über die Wahlen zum Preußischen Landtag in der Fassung vom 28. X. 1924 (GS. S. 671). (Landeswahlgesetz).

LRentBGes. = Landesrentenbankgesetz v. 29. XII. 1927 (GS. S. 283).

LWahlO., LWO., WahlO. = Landeswahlordnung, Wahlordnung für den Preußischen Landtag v. 29. X. 1924 (GS. S. 684).

M.

MietSchGAusfVO. = Ausführungsverordnung des Preußischen Justizministers zum Mieterschutzgesetz v. 15. VIII. 1923 (GS. S. 405), v. 22. X. 1923 (GS. S. 485). Ausführungsverordnung des Preußischen Wohlfahrtsministers v. 15. IX. 1923 (GS. S. 445), v. 7. IX. 1923 (GS. S. 220).

MietszVO. = Verordnung über die Mietszinsbildung in Preußen v. 17. IV. 1923 (GS. S. 474), v. 11. VI. 1923 (GS. S. 553).

MietVO. = Preußische Verordnung über die gesetzliche Miete v. 25. VI. 1924 (GS. S. 570), v. 25. VI. 1926 (GS. S. 185), v. 26. III. 1927 (GS. S. 36).

O.

ORechKG., ORKG. = Gesetz über die Befugnisse der Oberrechnungskammer v. 27. III. 1872 (GS. 278), v. 22. III. 1912 (GS. S. 23).

P.

PachtschO., PSchO. = Pachtschutzordnung v. 19. IX. 1927 (GS. S. 177).

PersAbbVO. = Personalabbauverordnung in Preußen v. 8. II. 1924 (GS. S. 73), v. 6. VI. 1925 (GS. S. 61).

PolBG. = Polizeibeamtengesetz v. 31. VII. 1927 (GS. S. 151).

PolKG. = Polizeikostengesetz v. 3. VI. 1908 (GS. S. 149), v. 6. XI. 1924 (GS. S. 727), v. 19. III. 1926 (GS. S. 99), v. 22. IV. 1927 (GS. S. 60).

PolVerwG., PVG. = Gesetz über die Polizeiverwaltung v. 11. III. 1850 (GS. S. 265).

ProvO. = Provinzialordnung für die östlichen Provinzen v. 29. VI. 1875 (GS. S. 335), in der Fassung v. 22. III. 1881 (GS. S. 234).

ProvWahlG. = Wahlgesetz über die Provinziallandtage und Kreistage v. 7. X. 1925 (GS. S. 123).

PrV., PrVerf., PrVU. = Preußische Verfassungsurkunde v. 30. XI. 1920 (GS. S. 543).

PSchO., **PachtschO.**, = Pachtschutzordnung v. 18. VIII. 1927 (GS. S. 169).

PVG., **PolVerwG.** = Gesetz über die Polizeiverwaltung v. 11. III. 1850 (GS. S. 265).

R.

RentG. = Gesetz über Rentengüter v. 17. VI. 1890 (GS. S. 209).
RheinSchA. = Revidierte Rheinschiffahrtsakte (Mannheimer Abkommen v. 17. X. 1868, (GS. 1869 S. 798).

S.

SchiedsmO. = Schiedsmannsordnung in der Fassung v. 3. XII. 1924 (GS. S. 751).
SchulpflVO. = Gesetz betr. Erweiterung der Berufs- und Fortbildungschulpflicht v. 31. VII. 1923 (GS. S. 367).
StaatsrVO. = Verordnung über den Staatsrat v. 31. XII. 1925 (GS. 1926, S. 7), v. 13. II. 1926 (GS. S. 51).
StädteO. = Städteordnung für die 6 östlichen Provinzen der Preußischen Monarchie v. 30. V. 1852 (GS. S. 261), für Rheinprovinz v. 15. V. 1856 (GS. S. 406).
StempStG. = Stempelsteuergesetz in der Fassung v. 27. X. 1924 (GS. S. 627).
StraßVerkO. = Straßenverkehrsordnung v. 30. V. 1925 (GS. S. 57), v. 6. VIII. 1926 (GS. S. 247/48).

V.

VergnStO. = Preußische Vergnügungssteuerordnung v. 13. V. 1921 (MBliV. S. 277), v. 10. V. 1922 (MBliV. S. 492), v. 19. IX. 1927 (MBliV. S. 946).
VerwGebO. = Preußische Verwaltungsgebührenordnung v. 30. XII. 1926 (GS. S. 327).
VerwGerG., VGG. = Gesetz betr. die Verfassung der Verwaltungsgerichte und Verwaltungsbehörden v. 2. VII. 1875 (GS. S. 375), v. 2. VIII. 1880 (GS. S. 315).
VerwZwVO. = Verordnung betr. das Verwaltungszwangsverfahren über Beitreibung von Geldbeträgen v. 15. XI. 1899 (GS. S. 545), v. 12. IV. 1924 (GS. S. 209), v. 28. XI. 1924 (GS. S. 741), v. 31. X. 1925 (GS. S. 153), v. 16. III. 1926 (GS. S. 103).
VolksbegG. = Gesetz über das Verfahren bei Volksbegehren und Volksentscheiden v. 8. I. 1926 (GS. S. 21).
VolksSchG. = Gesetz betr. Unterhaltung der öffentlichen Volksschulen v. 28. VII. 1906 (GS. S.335).

W.

WahlG., LWG., **LWahlG.** = Preußisches Landeswahlgesetz v. 28. X. 1924 (GS. S. 671).
WahlO., LWO., **LWahlO.** = Landeswahlordnung v. 19. X. 1924 (GS. S. 684).
WahlPrüfG. = Gesetz über die Prüfung der Wahlen zum Landtag und das Wahlprüfungsgericht v. 3. II. 1922 (GS. S. 30), v. 27. X. 1924 (GS. S. 670).
WohnG. = Preußisches Wohnungsgesetz v. 28. III. 1918 (GS. S. 23).

Z.

ZG., **ZuftG.** = Gesetz über die Zuständigkeit der Verwaltungs- und Verwaltungsgerichtsbehörden v. 1. VIII. 1883 (GS. S. 237).

ZwAuflVOFamG., FamGütAuflVO. = Zwangsauflösungsverordnung betr. Familiengüter v. 10. III. 1919 (GS. S. 39).
ZweckverbG. = Zweckverbandsgesetz v. 19. VII. 1911 (GS. S. 115).

2. Bayerisches Recht.

AbmG. = Abmarkungsgesetz v. 30. VI. 1900 (GVBl. S. 553).
AGBGB. (Bay.) = Bayerisches Ausführungsgesetz zum BGB. v. 9. VI. 1899 (GVBl. Nr. 28).
BBesG. = Beamtenbesoldungsgesetz v. 2. VI. 1920 (GVBl. S. 275).
BezO. = Bezirksordnung v. 17. X. 1927 (GVBl. S. 325).
BeamtG., BG. = Beamtengesetz v. 16. VIII. 1908 (GVBl. S. 581).
FAG., **FinAusglG.** = Finanzausgleichsgesetz (GVBl. 1927, S. 283).
FischG. = Fischereigesetz v. 15. VIII. 1908 (GVBl. S. 527).
FlurBerG. = Flurbereinigungsgesetz v. 5. VIII. 1922 (GVBl. S. 433).
Konk. = Konkordat v. 29. III. 1924 (GVBl. 1925, S. 53).
KostG. = Kostengesetz v. 16. II. 1921 (GVBl. S. 134).
KrO. = Kreisordnung v. 17. X. 1927 (GVBl. S. 335).
LStG., LandesStG. = Landessteuergesetz von 1921 (GVBl. S. 361).
LWG., **LWahlG.** = Landtagswahlgesetz v. 12. V. 1920 (GVBl. S. 195).
LWO., **LWahlO.** = Landeswahlordnung v. 30. III. 1928 (GVBl. S. 95).
PensErgG. = Pensionsergänzungsgesetz v. 23. III. 1921 (GVBl. S. 117).
RelStG. = Religionsgesellschaftliches Steuergesetz in der Fassung v. 1. VIII. 1923 (GVBl. S. 351).
StempStG. = Stempelsteuergesetz v. 16. II. 1921 (GVBl. S. 182).
StGHG. = Staatsgerichtshofgesetz v. 11. VI. 1920 (GVBl. S. 323).
SVG., **SVerwG.** = Bayerisches Gesetz über die Selbstverwaltung v. 22. V. 1919 (GVBl. S. 239).
VerwGerG., VGG. = Verwaltungsgerichtsgesetz v. 8. VIII. 1878 (GVBl. S. 369).
VolksSchLG. = Volksschullehrergesetz v. 14. VIII. 1919 (GVBl. S. 437).
VU., BayVU., BayVerf. = Verfassungsurkunde des Freistaates Bayern v. 4. VIII. 1919 (GVBl. S. 631).
WassG. = Bayerisches Wassergesetz v. 23. III. 1907 (GVBl. S. 157).
ZustVO. = Verordnung v. 4. I. 1872 betr. die Zuständigkeit der Verwaltungsbehörden in Sachen des Reichs- und des Polizeistrafgesetzbuchs.
ZwEnteigG. = Zwangsenteignungsgesetz v. 17. XI. 1837.

3. Württembergisches Recht.

BauO. = Bauordnung v. 28. VII. 1910 (RegBl. S. 333).
BezO. = Bezirksordnung v. 28. VII. 1906 (RegBl. S. 442).
GemO. = Gemeindeordnung v. 28. VII. 1906 (RegBl. S. 323).
GStG., GemStG. = Gemeindesteuergesetz v. 19. VII. 1923 (RegBl. S. 309).
GKO. = Gerichtskostenordnung v. 20. XII. 1926 (RegBl. S. 261).
JagdG. = Jagdgesetz v. 27. X. 1855 (RegBl. S. 233).
LStO., LandesStO. = Landessteuerordnung v. 31. XII. 1925 (RegBl. 1026, S. 7), mit Änderung v. 25. II. 1927 (RegBl. S. 83).

PolVerwG. = Gesetz über die staatliche Polizeiverwaltung v. 24. VIII. 1927 (RegBl. S. 269).
VU. = Verfassungsurkunde v. 20. Mai 1919 (RegBl. S. 85).
VerwRPflG. = Gesetz über die Verwaltungsrechtspflege v. 16. XII. 1876 (RegBl. S. 485), mit Verordnung v. 24. III. 1925 (RegBl. S. 41).
VolksschG. = Volksschulgesetz v. 17. VIII. 1909 (RegBl. 178).
WG., WassG. = Wassergesetz v. 1. 12. 1900 (RegBl. S. 921).

4. Badisches Recht.

BadVerf., BadVU. = Badisches Verfassungsgesetz v. 21. III. 1919.
BaupolO. = Verordnung betr. die Handhabung der Baupolizei und das Wohnungswesen v. 1. IX. 1907.
ElektrG. = Badisches Gesetz über die Landeselektrizitätsverordnung v. 1. VII. 1921.
EtatG. = Etatgesetz, Gesetz über den Monatsvoranschlag und die Verwaltung der Staatseinnahmen und -ausgaben v. 22. V. 1882, v. 23. XII. 1908.
ForstG. = Forstgesetz v. 5. XI. 1833.
GemO. = Gemeindeordnung v. 5. X. 1921.
GrGewStGes. = Grund- und Gewerbesteuergesetz v. 7. VII. 1926.
JagdG. = Jagdgesetz v. 2. XIII. 1850.
KrO. = Kreisordnung v. 19. VI. 1923.
LKirchStG. = Landeskirchensteuergesetz v. 30. VI. 1922.
LWahlG., LWG. = Landtagswahlgesetz über die Landtagswahlen, das Volksvorschlagsrecht und die Volksabstimmung v. 29. VII. 1920.
PolG. = Gesetz über die Polizeiverwaltung, das Polizeistrafgesetzbuch und das Polizeistrafverfahren v. 31. I. 1923.
StraßVerkO. = Straßenverkehrsordnung v. 6. VII. 1926.
VerwG. = Gesetz die Organisation der inneren Verwaltung betreffend Verwaltungsgesetz v. 5. X. 1863 (GuVBl. S. 29).
VerwRpflG. = Gesetz betr. die Verwaltungsrechtspflege v. 14. VI. 1884.
WahlG. = Gesetz betr. das Landtagswahlrecht und die Volksabstimmung v. 29. VII. 1920.
WassG. = Wassergesetz in der Fassung v. 8. VI. 1913.

Anhang.

C. Österreichisches Recht.

A.

ABG.	=	Allgemeines Berggesetz vom 23. IV. 1854 (RGBl. Nr. 146).
ABGB.	=	(Österr.) Allgemeines Bürgerliches Gesetzbuch.
AbgTG.	=	Abgabenteilungsgesetz v. 3. III. 1922 (BGBl. Nr. 125) (mehrere Novellen).
AbrGH.	=	Abrechnungsgerichtshof.
AbrGHG.	=	Gesetz über Verfassung und Verfahren des Abrechnungsgerichtshofes v. 20. VII. 1922 (BGBl. Nr. 562).
AchtStTG.	=	Gesetz über den achtstündigen Arbeitstag v. 17. XII. 1919 (StGBl. Nr. 581).
AdlCl.	=	Sammlung von Entscheidungen des österreichischen Obersten Gerichtshofs zum Handelsgesetze, begründet von Adler und Clemens.
AE.	=	Allerhöchste Entschließung.
AllStaatsbG.	=	Staatsgrundgesetz v. 21. XII. 1867 (RGBl. Nr. 142), über die allgemeinen Rechte der Staatsbürger.
AlterJB.	=	Judikatenbuch des österreichischen Verwaltungsgerichtshofes, begründet von Wolsky, fortgesetzt von Alter.
AmtlS.	=	Entscheidungen des österreichischen Obersten Gerichtshofs in Zivil- und Justizverwaltungssachen, veröffentlicht von diesem Gerichtshof. (Fortsetzung der von Nowak begründeten Sammlung der Entscheidungen des Obersten Gerichtshofs Neue Folge.)
AnfO.	=	Anfechtungsordnung vom 12. XII. 1914 (RGBl. Nr. 337).
AngG.	=	Angestelltengesetz v. 11. V. 1921 (BGBl. Nr. 292).
AngVG. 1928	=	Angestelltenversicherungsgesetz 1928 (V. v. 22. VIII. 1928 (BGBl. Nr. 232), betreffend die Wiederverlautbarung des Angestelltenversicherungsgesetzes).
ApothekG.	=	Gesetz, betr. die Regelung des Apothekenwesens v. 18. XII. 1906 (RGBl. Nr. 75).
ArbK.	=	Kammer für Arbeiter und Angestellte.
ArbKG.	=	Gesetz über die Kammern für Arbeiter und Angestellte v. 26. II. 1920 (StGBl. Nr. 100).
ArbLVG.	=	Gesetz über die Arbeitslosenversicherung (BGBl. Nr. 73 von 1927).
AUrlG.	=	Arbeiterurlaubsgesetz v. 30. VII. 1919 (StGBl. Nr. 395).
AusfVergV.	=	Ausfuhrvergütungsverordnung v. 30. IV. 1924 (BGBl. Nr. 134).
AusglO.	=	Ausgleichsordnung vom 12. XII. 1914 (RGBl. Nr. 337), mit Novellen.

AusstreitG.	=	Kaiserliches Patent v. 9. VIII. 1854 (RGBl. Nr. 208), über das gerichtliche Verfahren in Rechtsangelegenheiten außer Streitsachen.
AusstreitNov.	=	Novelle zum außerstreitigen Verfahren v. 21. XII. 1923 (BGBl. Nr. 636).
AusverkG.	=	Gesetz v. 16. I. 1895 (RGBl. Nr. 26), betr. die Regelung der Ausverkäufe.
AVG.	=	Allgemeines Verwaltungsverfahrensgesetz v. 21. VII. 1925 (BGBl. Nr. 274).
ArbVG.	=	Arbeiterversicherungsgesetz v. 1. IV. 1927 (BGBl. Nr. 125).

B.

BäckAG.	=	Bäckerarbeitergesetz v. 1. IV. 1919 (StGBl. Nr. 217).
BankHaftG.	=	Bankhaftungsgesetz v. 29. VII. 1924 (BGBl. Nr. 284).
BauRG.	=	Baurechtsgesetz v. 26. IV. 1912 (BGBl. Nr. 86).
BBahnG.	=	Bundesbahnengesetz v. 19. VII. 1923 (BGBl. Nr. 407).
BergAG.	=	Bergarbeitergesetz v. 28. VII. 1920 (StGBl. Nr. 406).
BetrR.	=	Betriebsrat.
BetrRG.	=	Gesetz betr. Errichtung von Betriebsräten v. 15. V. 1919 (StGBl. Nr. 283).
BForstG.	=	Gesetz über die Bildung eines Wirtschaftskörpers „Österreichische Bundesforste" v. 28. VII. 1925 (BGBl. Nr. 282).
BG.	=	Bezirksgericht.
BGBl.	=	Bundesgesetzblatt.
BH.	=	Bezirkshauptmannschaft.
BKA.	=	Bundeskanzleramt.
BMF.	=	Bundesministerium für Finanzen.
BMH.	=	Bundesministerium für Heerwesen.
BMHV.	=	Bundesministerium für Handel und Verkehr.
BMJ.	=	Bundesministerium für Justiz.
BMLF.	=	Bundesministerium für Land- und Forstwirtschaft.
BMfV.	=	Bundesministerium für soziale Verwaltung.
BMU.	=	Bundesministerium für Unterricht.
BörsG.	=	Börsengesetz v. 1. IV. 1875 (RGBl. Nr. 67).
BriefgehG.	=	Gesetz v. 16. IV. 1870 (RGBl. Nr. 42) zum Schutze des Brief- und Schriftengeheimnisses.
BruderlG.	=	Bruderladengesetz v. 28. VII. 1889 (RGBl. Nr. 127).
BStraßG.	=	Bundesstraßengesetz v. 8. VII. 1921 (BGBl. Nr. 387).
Budw.	=	Erkenntnisse des Verwaltungsgerichtshofs, ursprünglich hrsg. von Budwinski.
BudwA.	=	Dieselbe Sammlung seit 1901, Administrativrechtlicher Teil.
BudwF.	=	Dieselbe Sammlung, Finanzrechtlicher Teil.
Burgl.	=	Burgenland.
BVerfG.	=	Bundesverfassungsgesetz, wiederverlautbart mit V. v. 26. IX. 1925 (BGBl. Nr. 367).
BVAbgV.	=	Bundesverwaltungsabgabenordnung v. 18. XII. 1925 (BGBl. Nr. 444).

C.

Czel. = Sammlung wechselrechtlicher Entscheidungen des österreichischen Obersten Gerichtshofs, hrsg. von Czelechowski.

D.

DchfV. = Durchführungsverordnung.

DevV. = Devisenverordnung v. 6. VII. 1922 (BGBl. Nr. 399), mehrere Novellen.

DienstPrag. = Dienstpragmatik der Staatsbeamten und Staatsdiener. Gesetz v. 25. I. 1914 (RGBl. Nr. 15).

E.

EA. = Einigungsamt.

EAG. = Gesetz v. 18. XII. 1919 (StGBl. Nr. 16, 1920), über die Errichtung von Einigungsämtern und über kollektive Arbeitsverträge.

EG. = Einführungsgesetz.

EGVG. = Einführungsgesetz zu den Verwaltungsverfahrensgesetzen v. 21. VII. 1925 (BGBl. Nr. 273).

EisenbBuchG. = Gesetz v. 19. IV. 1874 (RGBl. Nr. 70), betr. die Anlegung von Eisenbahnbüchern.

EisenbEnteigG. = Gesetz v. 18. II. 1878 (RGBl. Nr. 30), betr. die Enteignung zum Zweck der Herstellung und des Betriebes von Eisenbahnen.

EisenbHaftpflG. = Eisenbahnhaftpflichtgesetz v. 5. III. 1869 (RGBl. Nr. 27), in der Fassung des Gesetzes v. 12. VII. 1902 (RGBl. Nr. 47).

ElWegG. = Elektrizitätswegegesetz v. 7. VI. 1922 (BGBl. Nr. 348).

EntmO. = Entmündigungsordnung, Kaiserliche Verordnung v. 28. VI. 1916 (RGBl. Nr. 207).

E. = Entscheidung.

EO. = Exekutionsordnung v. 21. V. 1896 (RGBl. Nr. 78).

EONov. = Novelle zur Exekutionsordnung (mehrere).

EV. = Einführungsverordnung.

EVereitlG. = Gesetz v. 25. V. 1883 (RGBl. Nr. 78) über strafrechtliche Bestimmungen gegen Vereitlung von Zwangsvollstreckungen.

EVO. = Gesetz v. 23. V. 1928 (BGBl. Nr. 129), mit dem eine Eisenbahn-Verkehrsordnung erlassen wird.

F.

FamGlG. = Familiengläubigergesetz v. 26. IX. 1923 (BGBl. Nr. 543).

FinVerfG. = Finanzverfassungsgesetz v. 3. III. 1922 (BGBl. Nr. 124).

FischG. = Gesetz v. 25. IV. 1885 (RGBl. Nr. 58), betr. die Regelung der Fischerei in den Binnengewässern.

FLD. = Finanzlandesdirektion.

FM. = Finanzministerium.

ForstG. = Kaiserliches Patent v. 3. XII. 1852 (RGBl. Nr. 250).

FriedVertr. = Friedensvertrag (Staatsvertrag von St. Germain en Laye) v. 10. IX. 1919 (StGBl. Nr. 303).

FundBankschG. = Gesetz über fundierte Bankschuldverschreibungen v. 27. XII. 1905 (RGBl. Nr. 213).

G.

GAngG. = Gutsangestelltengesetz v. 26. IX. 1923 (BGBl. Nr. 538).

GBG. = Allgemeines Grundbuchgesetz v. 25. VII. 1871 (RGBl. Nr. 95).

GebG. = Gebührengesetz, kaiserliches Patent v. 9. II. 1850 (RGBl. Nr. 50).

GebNov. = Novelle zum Gebührengesetz, mehrere (BGBl. Nr. 631, 1922, Nr. 874, 1922, Nr. 286, 1924).

GefStG. = Gefällsstrafgesetz, Patent v. 11. VII. 1835 (PGS. Nr. 63).

GehG. = Gehaltsgesetz der Bundesangestellten 1927 (Wiederverlautbarung des Gehaltsgesetzes, V. v. 4. V. 1928, BGBl. Nr. 105).

GehKG. = (Pharmazeuten-) Gehaltskassengesetz (BGBl. Nr. 23, 1928).

GeldIZG. = Geldinstitutezentralegesetz v. 29. VII. 1924 (BGBl. Nr. 285), mit Novellen.

GemG. = Gemeindegesetz v. 5. III. 1862 (RGBl. Nr. 18).

GendDG. = Gendarmeriedienstgesetz v. 30. X. 1919 (StGBl. Nr. 519).

GenG. = Gesetz über die Erwerbs- und Wirtschaftsgenossenschaften v. 9. IV. 1873 (RGBl. Nr. 70) mit Novelle 1920.

GerEntlNov. = Gerichtsentlastungsnovelle (mehrere).

GerGebNov. = Novelle zum Gerichtsgebührengesetz (mehrere).

GerH. = Gerichtshalle.

GeschO. = Geschäftsordnung für die Gerichte I. und II. Instanz, JMV. v. 5. V. 1897 (RGBl. Nr. 112).

GewGenVerbG. = Gewerbegenossenschaftsverbandsgesetz v. 27. III. 1923 (BGBl. Nr. 215).

GewGG. = Gewerbegerichtsgesetz v. 5. IV. 1922 (BGBl. Nr. 229).

GewGS., GGS., Slg. = Sammlung von Entscheidungen der Gewerbegerichte, hrsg. vom k. k. Justizministerium. Fortgesetzt unter dem Titel: Sammlung arbeitsrechtlicher Entscheidungen der Gerichte und Einigungsämter, hrsg. und redigiert vom Bundeskanzleramt (Justiz) unter Mitwirkung der Kammern für Handel, Gewerbe und Industrie und für Arbeiter und Angestellte in Wien.

GewI. = Gewerbeinspektorat.

GewIG. = Gesetz über die Gewerbeinspektion v. 14. VII. 1921 (BGBl. Nr. 402).

GewNov. = Gewerbenovelle.

GewO., GO. = Gewerbeordnung, kaiserliches Patent v. 20. XII. 1859, neue Fassung v. 16. VIII. 1909 (RGBl. Nr. 199).

GI. = Gerichtsinstruktion, kaiserliches Patent v. 3. V. 1853 (RGBl. Nr. 81).

GmbHG. = Gesetz über die Gesellschaften mit beschränkter Haftung v. 6. III. 1906 (RGBl. Nr. 58) mit Novellen.

GOG. = Gerichtsorganisationsgesetz v. 27. XI. 1896 (RGBl. Nr. 217).

GoldBilG. = Goldbilanzengesetz v. 4. VI. 1925 (BGBl. Nr. 184), mit Novellen.
GlU. = Sammlung zivilrechtlicher Entscheidungen des österreichischen Obersten Gerichtshofs, begründet von Glaser und Unger.
GlUNF. = Derselben Sammlung Neue Folge.
GrundVerkG. = Grundverkehrsgesetz v. 13. XII. 1919 (StGBl. Nr. 583).
GrünhutsZ. = Zeitschrift für das Privat- und öffentliche Recht der Gegenwart, hrsg. von Grünhut.
GZ. = Gerichtszeitung (früher Allgemeine österreichische Gerichtszeitung).

H.

HaagAbk. = Abkommen zur Regelung einiger Fragen des internationalen Privatrechts v. 14. XI. 1896 (RGBl. 1899, Nr. 85).
HaagProzeßAbk. = Haager Prozeßübereinkommen v. 17. VII. 1905 (RGBl. 1909, Nr. 60).
HGG. = Handlungsgehilfengesetz v. 16. I. 1910 (RGBl. Nr. 20).
HAgG. = Handelsagentengesetz v. 8. VII. 1921 (BGBl. Nr. 348).
HausbO. = Hausbesorgerordnung v. 13. XII. 1922 (BGBl. Nr. 878).
HausGG. = Hausgehilfengesetz v. 26. II. 1920 (StGBl. Nr. 101).
HausrG. = Gesetz v. 27. VIII. 1862 (RGBl. Nr. 88), zum Schutze des Hausrechts.
HBDG. = Heeresbeamtendisziplinargesetz v. 13. VII. 1922 (BGBl. Nr. 455).
HeerDiszG. = Heeresdisziplinargesetz v. 22. VII. 1920 (StGBl. Nr. 368), mehrere Novellen.
HeerGebG. = Heeresgebührengesetz v. 20. V. 1920 (StGBl. Nr. 235).
HeimAG. = Gesetz v. 19. XII. 1918 (StGBl. Nr. 140), über die Heimarbeit.
HeimG. (1863) = Gesetz v. 3. XII. 1863 (RGBl. Nr. 105), betr. die Regelung der Heimatsverhältnisse.
HeimG. (1896) = Heimatsgesetznovelle, Gesetz v. 5. XII 1896 (RGBl. Nr. 222).
HeimRNov. (1925) = Heimatsrechtnovelle v. 30. XII. 1925 (BGBl. Nr. 286).
HfD. = Hofdekret.
HG. = Handelsgericht.
HBG. = Bezirksgericht für Handelssachen.
HGB. = Handelsgesetzbuch v. 17. XII. 1862 (RGBl. Nr. 1 aus 1863).
HKD. = Hofkammerdekret.
HKG. = Gesetz über Kammern für Handel, Gewerbe und Industrie, v. 15. II. 1920 (StGBl. Nr. 98).
HKzD. = Hofkanzleidekret.
HM. = Handelsministerium.
HöfeG. = Höfegesetz v. 1. IV. 1889 (RGBl. Nr. 52).
Hye. = Sammlung der Erkenntnisse des österreichischen Reichsgerichts, begründet von Freiherrn von Hye-Glunek.

J.

JA. = Jugendamt (Jugendschutzamt).
JGerG. = Jugendgerichtsgesetz v. 25. I. 1919 (StGBl. Nr. 46).
JGS. = Justizgesetzsammlung.

JM. = Justizministerium.
JN. = Jurisdiktionsnorm v. 1. VIII. 1895 (RGBl. Nr. 111).
JnlArbSchG. = Inlandarbeiterschutzgesetz v. 19. XII. 1925 (BGBl. Nr. 457).
InvA. = Invalidenamt.
InvBG. = Invalidenbeschäftigungsgesetz, Text v. Februar 1928 (BGBl. Nr. 69, 1928).
InvEK. = Invalidenentschädigungskommission.
InvEntschG. = Invalidenentschädigungsgesetz v. 25. IV. 1919 (StGBl. Nr. 245), zahlreiche Novellen.
JournG. = Journalistengesetz v. 11. II. 1920 (StGBl. Nr. 88).
JBl. = Juristische Blätter.
JB. = Judikatenbuch des Obersten Gerichtshofs.

K.

Kae, = Kärnten.
KaisP. = Kaiserliches Patent.
KaisV. = Kaiserliche Verordnung.
KassH. = Entscheidungen des k. k. Obersten Gerichts- als Kassationshofs, ursprünglich hrsg. von Nowak, dann von Coumont und Schreiber, seit 1900 veröffentlicht von der k. k. Generalprokuratur.
KathKG. = Gesetz v. 7. V. 1874 (RGBl. Nr. 50), wodurch Bestimmungen zur Regelung der äußeren Rechtsverhältnisse der katholischen Kirche erlassen werden.
Kd. = Kundmachung.
KG. = Kreisgericht.
KMP. = Kundmachungspatent.
KinderarbG. = Gesetz über die Kinderarbeit v. 19. XII. 1918 (StGBl. Nr. 141).
KM. = Kriegsministerium.
KO. = Konkursordnung v. 12. XII. 1914 (RGBl. Nr. 337).
KoalG. = Gesetz v. 7. IV. 1870 über das Koalitionsrecht (RGBl. Nr. 43).
KollV. = Kollektivvertrag.
KommG. = Gesetz v. 7. VI. 1883 (RGBl. Nr. 92), betr. die Zusammenlegung landwirtschaftlicher Grundstücke.
KonvG. = Gesetz über die Konvertierung von Hypothekarforderungen v. 22. II. 1907 (RGBl. Nr. 48).
KörpStNov. = Körperschaftssteuernovelle v. 6. VI. 1924 (BGBl. Nr. 187).
KraftFG. = Gesetz über die Haftung von Schäden aus dem Betrieb von Kraftfahrzeugen v. 9. VIII. 1908 (RGBl. Nr. 162).
KraftFNov. = Novelle zum Kraftfahrzeug-Haftpflichtgesetz v. 3. V. 1922 (BGBl. Nr. 300).
KrankKOrgG. = Krankenkassenorganisationsgesetz v. 28. XII. 1926 (BGBl. Nr. 15), mit Novelle.
KrankVersG. = Krankenversicherungsgesetz v. 30. III. 1888 (RGBl. Nr. 33), Textverordnung v. 20. XI. 1922 (BGBl. Nr. 859).
KriegsTodErklG. = Gesetz v. 31. III. 1918 (RGBl. Nr. 128) über die Todeserklärung von im gegenwärtigen Kriege Vermißten.
KrkAnstG. = Krankenanstaltengesetz v. 15. VII. 1920 (StGBl. Nr. 327).

KuratG. = Gesetz v. 24. IV. 1874 (RGBl. Nr. 49), betr. die gemeinsame Vertretung der Rechte der Besitzer von auf Inhaber lautenden oder durch Indossament übertragbaren Teilschuldverschreibungen.

L.

LagHG. = Gesetz v. 28. IV. 1889 (RGBl. Nr. 64), betr. die Errichtung und den Betrieb öffentlicher Lagerhäuser und die von denselben ausgestellten Lagerscheine.

LandAO. = Landarbeiterordnung (Landesgesetze für die einzelnen Bundesländer).

LandstrG. (1873) = Landstreichergesetz v. 10. V. 1873 (RGBl. Nr. 108).

LandstrG. (1885) = Gesetz v. 14. V. 1885 (RGBl. Nr. 89), womit strafrechtliche Bestimmungen in betreff der Zulässigkeit der Anhaltung in Zwangsarbeits- oder Besserungsanstalten getroffen werden.

LBBürgG. = Gesetz v. 30. VII. 1925 (BGBl. Nr. 285) über den Erwerb und den Verlust der Landes- und Bundesbürgerschaft, mit Novelle.

LebensMG. = Gesetz v. 16. I. 1896 (RGBl. Nr. 89), betr. den Verkehr mit Lebensmitteln und einigen Gebrauchsgegenständen.

LehrAbbG. = Lehrerabbaugesetz		
LehrDG. = Lehrerdienstgesetz	für verschiedene Länder,	
LehrGehG. = Lehrergehaltsgesetz	z. B. niederösterr. Lehrerdienstgesetz.	
LehrPensG. = Lehrerpensionsgesetz		

LG. = Landesgericht.

LGBl. = Landesgesetzblatt.

LHptm. = Landeshauptmann.

Links = Rechtsprechung des österreichischen Obersten Gerichtshofs, hrsg. von Links.

LReg. = Landesregierung.

LSchR. = Landesschulrat.

LT. = Landtag.

LV. = Landesversammlung.

M.

MahnG. = Gesetz v. 27. IV. 1873 (RGBl. Nr. 67), betr. das Mahnverfahren.

MargG. = Gesetz v. 25. X. 1901 (RGBl. 1902 Nr. 26), betr. den Verkehr mit Butter, Käse, Butterschmalz, Schweineschmalz und deren Ersatzmitteln (Margarinegesetz).

MSchG. = Markenschutzgesetz in der Fassung von BGBl. 1928, Nr. 117.

MelDarlG. = Gesetz v. 6. VI. 1896 (RGBl. Nr. 144) über die zum Zweck der Bodenverbesserung aufgenommenen Darlehen (Meliorationsdarlehen).

MietG. = Mietengesetz v. 7. XII. 1922 (BGBl. Nr. 872).

MilGerG. = Gesetz v 20. V. 1869 (RGBl. Nr. 78), betr. den Wirkungskreis der Militärgerichte.

MustSchG.	=	Musterschutzgesetz, kaiserliches Patent v. 7. XII. 1858 (RGBl. Nr. 237), neue Fassung RGBl. 1928, Nr. 118.
MinV.	=	Ministerialverordnung.

N.

NachtArbG.	=	Gesetz v. 14. V. 1919 (StGBl. Nr. 281) über das Verbot der Nachtarbeit der Frauen und Jugendlichen in gewerblichen Betrieben.
NatR.	=	Nationalrat.
NatV.	=	Nationalversammlung.
NÖ.	=	Niederösterreich.
NotO.	=	Gesetz v. 25. VII. 1871 RGBl. Nr. 75 (Notariatsordnung), in der Fassung des Gesetzes v. 6. II. 1919 (StGBl. Nr. 94).
NotwegG.	=	Gesetz v. 7. VII. 1896 (RGBl. Nr. 140), betr. die Einräumung von Notwegen.
NotZ.	=	Deutsch-österreichische Notariatszeitung, hrsg. von dem österreichischen Notarverein.
Nowak	=	Sammlung zivilrechtlicher Entscheidungen des österreichischen Obersten Gerichtshofes, begründet von Nowak.

O.

OEA.	=	Obereinigungsamt.
ÖffRZ.	=	Zeitschrift für öffentliches Recht, hrsg. von Kelsen.
ÖffPrivVersZ.	=	(Österreichische) Zeitschrift für öffentliche und private Versicherung.
OGH.	=	Oberster Gerichtshof.
OGHStat.	=	Statut des Obersten Gerichts- und Kassationshofes, kaiserliches Patent v. 7. VIII. 1850 (RGBl. Nr. 325).
OLG.	=	Oberlandesgericht.
OÖ.	=	Oberösterreich.
ORH.	=	Oberster Rechnungshof.
OSchR.	=	Ortsschulrat.
ÖStRZ.	=	Zeitschrift für österreichisches Strafrecht, hrsg. von Löffler.
ÖStWB.	=	Österr. Staatswörterbuch, hrsg. von Mischler und Ulbrich.

P.

P.	=	Patent.
PatA.	=	Patentamt.
PatBl.	=	Österreichisches Patentblatt, hrsg. vom österreichischen Patentamt.
PatG.	=	Patentgesetz v. 11. I. 1897 (RGBl. Nr. 30), in der Fassung BGBl. 1925, Nr. 366.
PatGH.	=	Patentgerichtshof.
PensVG.	=	Gesetz über die Pensionsversicherung v. 16. XII. 1906 (RGBl. 1907, Nr. 1.
PersFreihG.	=	Gesetz v. 27. X. 1862 (RGBl. Nr. 87) zum Schutze der persönlichen Freiheit.
PersStG.	=	Personalsteuergesetz (BGBl. Nr. 307 von 1924), mit Novellen.

PfandbrG. = Gesetz v. 24. VII. 1874 (RGBl. Nr. 48), betr. die Wahrung der Rechte der Besitzer von Pfandbriefen.
PGS. = Politische Gesetzsammlung.
PolDG. = Polizeidienstgesetz v. 30. X. 1919 (StGBl. Nr. 517).
PostO. = Postordnung v. 17. XI. 1926 (BGBl. Nr. 329).
PostsparkG. = Postsparkassengesetz v. 29. XII. 1926 (BGBl. Nr. 9).
PostVBl. = Post- und Telegraphenverordnungsblatt.
PreßG. = Preßgesetz v. 7. IV. 1922 (BGBl. Nr. 218).
PrivBAbbG. = Gesetz über den Abbau der Angestellten der Privatbahnen v. 4. VII. 1923 (BGBl. Nr. 361).

R.

RatenG. = Gesetz v. 27. IV. 1896 (RGBl. Nr. 70), betr. Ratengeschäfte.
RAO. = Rechtsanwaltsordnung, Gesetz v. 6. VII. 1868 (RGBl. Nr. 96), in der Fassung des Gesetzes v. 6. II. 1919 (StGBl. Nr. 95).
RATar. = Rechtsanwaltstarif v. 9. IV. 1924 (BGBl. Nr. 121), mit Änderungen.
RegGewG. = Staatsgrundgesetz v. 21. XII. 1867 (RGBl. Nr. 145) über die Ausübung der Regierungs- und Vollzugsgewalt.
RegieBAG. = Gesetz v. 28. VII. 1902 (RGBl. Nr. 156), betr. die Regelung des Arbeitsverhältnisses der bei Regiebauten von Eisenbahnen und in den Hilfsanstalten derselben verwendeten Arbeiter.
RGBl. = Reichsgesetzblatt für die im Reichsrate vertretenen Königreiche und Länder.
RGG. = Staatsgrundgesetz v. 21. XII. 1867 (RGBl. Nr. 143) über die Einsetzung eines Reichsgerichts.
RichtGewG. (1867) = Staatsgrundgesetz v. 21. XII. 1867 (RGBl. Nr. 144) über die richterliche Gewalt.
RichtGewG. (1918) = Grundgesetz über die richterliche Gewalt v. 22. XI. 1918 (StGBl. Nr. 38).
Rspr. = Rechtsprechung, hrsg. vom Verband österreichischer Banken und Bankiers, Wien.

S.

SanG. = Gesetz v. 30. IV. 1870 (RGBl. Nr. 68), betr. die Organisation des Sanitätsdienstes.
Salzb. = Salzburg.
SchauSpG. = Schauspielergesetz v. 13. VII. 1922 (BGBl. Nr. 441).
ScheckG. = Scheckgesetz v. 3. IV. 1906 (RGBl. Nr. 84).
SchießSprengMonG. = Gesetz v. 13. XII. 1919 (StGBl. Nr. 580), betr. das Schieß- und Sprengmittelmonopol.
Slg. = Sammlung arbeitsrechtlicher Entscheidungen der Gerichte und Einigungsämter, hrsg. vom Bundeskanzleramt (Justiz).
SonntRuhG. (1895) = Sonntagsruhegesetz v. 16. I. 1895 (RGBl. Nr. 21), betr. die Regelung der Sonn- und Feiertagsruhe.

SonntRuhG. (1905)	=	Gesetz v. 18. VII. 1905 (RGBl. Nr. 125), womit das Gesetz v. 16. I. 1895 (RGBl. Nr. 21), betr. die Regelung der Sonn- und Feiertagsruhe im Gewerbebetriebe teilweise abgeändert und ergänzt wird.
SonntRuhG. (1919)	=	Gesetz v. 15 V. 1919 (StGBl. Nr. 282) über die Mindestruhezeit, den Ladenschluß und die Sonntagsruhe im Handelsgewerbe und anderen Betrieben.
SpR.	=	Spruchrepertorium des Obersten Gerichtshofes.
SprengstG.	=	Sprengstoffgesetz v. 27. V. 1885 (RGBl. Nr. 134).
S/St	=	Entscheidungen des österreichischen Obersten Gerichtshofes in Strafsachen und Disziplinarangelegenheiten. Veröffentlicht von seinen Mitgliedern unter Mitwirkung der Generalprokuratur (unter Beifügung von Band und Nummer).
St.	=	Steiermark.
Statth.	=	Statthalterei.
SteuEinhG.	=	Steuereinhebungsgesetz (Gesetz über die Einhebung der direkten Steuern) v. 13. X. 1921 (BGBl. Nr. 566).
SteuerflG.	=	Gesetz gegen die Steuerflucht v. 19. XII. 1918 (StGBl. Nr. 122).
StG.	=	Strafgesetz, kaiserliches Patent v. 27. V. 1852 (RGBl. Nr. 117).
StGBl.	=	Staatsgesetzblatt für den Staat Deutsch-Österreich.
StGG.	=	Staatsgrundgesetz.
StKrkVersG.	=	Gesetz über die Krankenversicherung der Staatsangestellten v. 13. VII. 1920 (StGBl. Nr. 311).
StKz.	=	Staatskanzlei (Staatskanzler).
StPO.	=	Strafprozeßordnung, Gesetz v. 23. V. 1873 (RGBl. Nr. 119).
StRegG.	=	Gesetz v. 14. III. 1919 (StGBl. Nr. 180) über die Staatsregierung.
StRH.	=	Staatsrechnungshof.
StrWNov.	=	Streitwertnovelle (mehrere in den letzten Jahren).
StSchR.	=	Stadtschulrat.
StV.	=	Staatsvertrag.
StVerfNov.	=	Steuerverfahrensnovelle v. 3. V. 1923 (BGBl. Nr. 243).
SyndG.	=	Gesetz v. 12. VII. 1872 (RGBl. Nr. 112), womit das Klagerecht der Parteien wegen der von richterlichen Beamten in Ausübung ihrer amtlichen Wirksamkeit zugefügten Rechtsverletzungen geregelt wird (Syndikatsverfahren).
SZ.	=	Entscheidungen des Obersten Gerichtshofes in Zivil- und Justizverwaltungssachen. Veröffentlicht von seinen Mitgliedern (unter Anführung von Band und Nummer).

T.

TelG.	=	Telegraphengesetz v. 18. VII. 1924 (BGBl. Nr. 263).
TierSG.	=	Tierseuchengesetz v. 16. VIII. 1909 (RGBl. Nr. 177).
Tir.	=	Tirol.
TNov.	=	Teilnovelle zum ABGB. (1. Teilnovelle v. 12. X. 1914 (RGBl. Nr. 276), 2. Teilnovelle v. 22. VIII. 1915 (RGBl. Nr. 208), 3. Teilnovelle v. 19. III. 1916 (RGBl. Nr. 69)).

TodErklNov. = Gesetz v. 31. III. 1919 (RGBl. Nr. 129) über Änderungen des Gesetzes vom 16. II. 1883 (RGBl. Nr. 20), betr. das Verfahren zum Zweck der Todeserklärung.

U.

Üb. = Übereinkommen.

UbtrGebG. = Gesetz v. 18. VI. 1901 (RGBl. Nr. 74), betr. die Gebühren von Vermögensübertragungen.

UnfVG. = Unfallversicherungsgesetz v. 28. XII. 1887 (RGBl. Nr. 1 von 1888).

UnionsV. = Pariser Unionsvertrag zum Schutz des gewerblichen Eigentums (BGBl. 1928, Nr. 114).

UnlWettbG. = Gesetz gegen den unlauteren Wettbewerb v. 26. IX. 1923 (BGBl. Nr. 531).

UnschVerurtG. = Gesetz v. 16. III. 1892 (RGBl. Nr. 64), betr. die Entschädigung für ungerechtfertigt erfolgte Verurteilung.

UrhG. = Gesetz betr. das Urheberrecht an Werken der Literatur, Kunst und Photographie (VollzA. 31. VIII. 1920, StGBl. Nr. 417).

V.

VArlb. = Voralberg.

VEG. = Verwaltungsentlastungsgesetz v. 21. VII. 1925 (BGBl. Nr. 277).

VerbrStNov. = Verbrauchssteuernovelle v. 24. VII. 1922 (BGBl. Nr. 493).

VerfÜberlG. = Verfassungsüberleitungsgesetz v. 1. X. 1920 (BGBl. Nr. 2).

VerfGH. = Verfassungsgerichtshof.

VGG. = Gesetz v. 22. X. 1875 (RGBl. 1876, Nr. 36), betr. die Errichtung eines Verwaltungsgerichtshofes.

VGH. = Verwaltungsgerichtshof.

VerG. (1852) = Kaiserliches Patent v. 26. XI. 1852 (RGBl. Nr. 253), wodurch neue gesetzliche Bestimmungen über Vereine (Vereinsgesetz) angeordnet werden.

VerRG. = Gesetz v. 15. XI. 1867 (RGBl. Nr. 134) über das Vereinsrecht.

VersRG. = Gesetz v. 15. XI. 1867 (RGBl. Nr. 135) über das Versammlungsrecht.

VersO. = Versicherungsordnung vom 22. XI. 1915 (RGBl. Nr. 343).

VersVG. = Gesetz v. 23. XII. 1917 (RGBl. Nr. 401) über den Versicherungsvertrag.

VollzA. = Vollzugsanweisung.

VorkriegsSchG. = Vorkriegsschuldengesetz v. 16. VII. 1921 (BGBl. Nr. 393).

VStEG. = Verwaltungsstraferhöhungsgesetz v. 17. XII. 1927 (BGBl. Nr. 365).

VStG. = Verwaltungsstrafgesetz v. 21. VII. 1925 (BGBl. Nr. 275).

VVG. = Verwaltungsvollstreckungsgesetz v. 21. VII. 1925 (BGBl. Nr. 276).

W.

WaffP. = Waffenpatent v. 24. X. 1852 (RGBl. Nr. 223).

WahlschutzG. = Gesetz, womit strafrechtliche Bestimmungen zum Schutze der Wahl- und Versammlungsfreiheit erlassen werden, v. 26. I. 1907 (RGBl. Nr. 18).

WarUmſStV.	= Warenumſatzſteuerverordnung (zahlreiche ſeit 1923).
WaſſG.	= Reichswaſſergeſetz v. 30. V. 1869 (RGBl. Nr. 93).
WAufbG.	= Wiederaufbaugeſetz v. 27. XI. 1922 (BGBl. Nr. 843).
WeinG.	= Weingeſetz v. 17. VI. 1925 (BGBl. Nr. 217).
WiederBeſG.	= Geſetz v. 31. V. 1919 (StGBl. Nr. 310) über die Wiederbeſiedlung gelegter Bauerngüter und Häusleranweſen (Wiederbeſiedlungsgeſetz).
WO.	= Wechſelordnung, kaiſerliches Patent, v. 25. I. 1850 (RGBl. Nr. 51).
WPoſtVertr.	= Weltpoſtvertrag v. 28. VIII. 1924 (BGBl. Nr. 329, 1925).
WuchG.	= Kaiſerliche Verordnung v. 12. X. 1914 (RGBl. Nr. 275) über den Wucher.

Z.

ZBl.	= (Öſterreichiſches) Zentralblatt für die juriſtiſche Praxis.
ZeitPO.	= Zeitungspoſtordnung v. 24. IX. 1922 (BGBl. Nr. 707) mit zahlreichen Änderungen.
ZErl.	= Zirkularerlaß.
ZiehkG.	= Ziehkindergeſetz v. 4. II. 1919 (StGBl. Nr. 76).
ZiehkO.	= Ziehkinderordnung v. 1. IV. 1919 (StGBl. Nr. 202).
ZollG.	= Zollgeſetz v. 10. VI. 1920 (BGBl. Nr. 250).
ZollStMonO.	= Zoll- und Staatsmonopolordnung v. 11. VII. 1835.
ZollTG.	= Zolltarifgeſetz v. 5. IX. 1924 (BGBl. Nr. 445) mit Novellen.
ZollVA.	= Zollvollzugsanweiſung v. 20. VI. 1920 (StGBl. Nr. 251).
ZPO.	= Zivilprozeßordnung v. 1. VIII. 1895 (RGBl. Nr. 113) mit Novellen.
ZV.	= Zirkularverordnung.
ZwangAnſtG.	= Geſetz v. 24. V. 1885 (RGBl. Nr. 90), betr. die Zwangsarbeits- und Beſſerungsanſtalten.

Lippert & Co. G. m. b. H., Naumburg a. S.

FSC
www.fsc.org
MIX
Papier | Fördert gute Waldnutzung
FSC® C083411

Kolibri 360 GmbH
Ferdinand-Jühlke-Straße 7
99095 Erfurt, Deutschland
produktsicherheit@kolibri360.de